컨트리 하우스

일러스트로 보는
영국 귀족의 대저택

The English Country House Explained

컨트리 하우스

일러스트로 보는 영국 귀족의 대저택

트레버 요크 지음 | 오숙은 옮김

튜더 왕조에서 빅토리아 시대까지, 인문과 역사가 함께하는 중세 건축 이야기

북피움

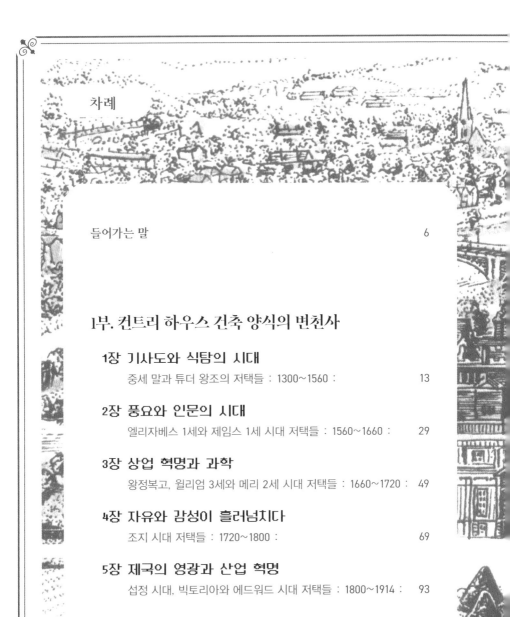

차례

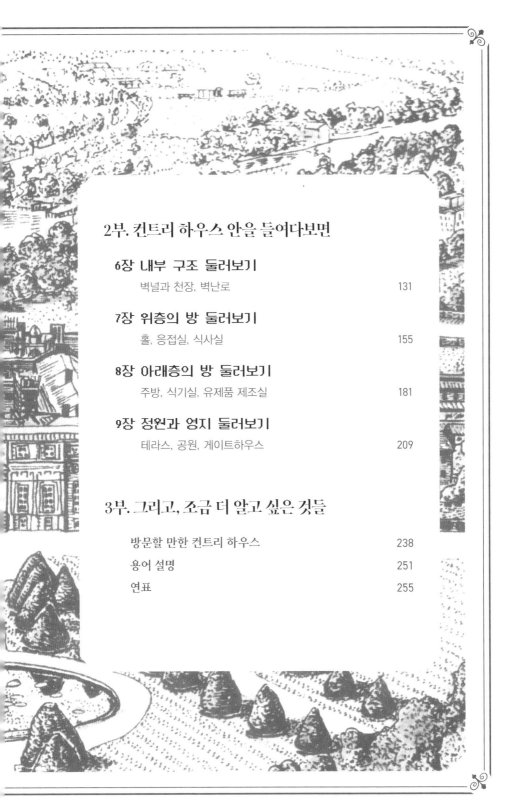

들어가는 말

영국의 컨트리 하우스[1]는 귀족들이 누렸던 풍요와 혁신적인 건축 양식, 당시에 유행했던 인테리어 디자인이 응축된 웅장한 기록물이다. 독특한 한 채의 건물 안에 전 세계의 미술품과 개인사를 담고 있는 화려한 박물관이기도 하다. 저택의 소유주와 그 집안 조상들의 변덕, 그리고 저택은 물론 정원과 영지를 가꾸고 관리를 도왔던 수많은 일꾼의 삶 역시 반영되어 있다. 많은 컨트리 하우스는 문화적 고립의 시기도 고스란히 보여준다. 새로운 지배 계급이 고대 세계의 경이로움과 지구 반대편에서 날라온 이국적인 것들을 보면서 계몽되던 시대에, 컨트리 하우스의 주인들은 그와는 대조적으로 충분히 검증된 방식이나 영국의 전통 양식을 꿋꿋이 지키고 있었다.

영국의 컨트리 하우스는 저마다 다른 방식으로 진화했다. 중세 시대의 목재 골조 구조체가 중심에 버티고 있는 저택이 있는가 하면,

---

[1] country house, 영국의 지방에 있는 대저택을 가리킨다. 농업이 쇠퇴할 때까지 농촌 공동체의 중심 역할을 했으나 지주 계급과 귀족이 몰락하면서 유지가 힘들어지자 다수가 허물어지거나 팔려나갔고, 일부는 내셔널 트러스트 같은 단체로 넘어갔다. – 옮긴이

겉보기에는 고풍스럽지만 지은 지 겨우 100년 남짓 된 모방 건물들도 있다. 알고 보면 대부분의 컨트리 하우스는 처음부터 완벽한 하나의 프로젝트가 아니었다. 값비싼 자재로 거대한 건물을 올리고, 그에 걸맞게 실내도 최고급으로 꾸미려면 엄청난 돈을 쏟아부어야 했으므로 아무리 부유한 가문이라도 한 번에 한 부분씩 짓는 경우가 종종 있었다. 그 집안에 돈이 거덜 나고 있었다는 징표를 고스란히 보여주는 예도 많다. 저택의 비례가 맞지 않거나 한쪽 날개 건물이 없는 경우는 소유주가 너무 야심만만했거나 20세기에 귀족의 지배가 막을 내리면서 건축비가 삭감된 것을 반영하는 것일 수 있다.

어떤 컨트리 하우스도 다른 저택과 똑같지는 않다. 그럼에도 독특하고 개성 있는 세부 밑에는 기본적인 추세, 당시 유행하던 배치 방식, 기술적 발전 같은 요소가 있다. 근사하지만 때로는 우리를 당황스럽게 만드는 이런 저택을 돌아보는 여행은 많은 것을 깨우치고 배우는 기회가 될 수 있다. 물론 건물에서 친숙한 형태를 알아보고, 장식적인 요소의 연대를 추정해보고, 어느 시대의 인테리어 비품인지 가려낼 수 있어야 하겠지만 말이다. 이 책은 독자 여러분에게 그것을 가능케 하는 힘을 실어주고, 컨트리 하우스들이 어떻게, 왜 발전했는지 설명하는 동시에, 컨트리 하우스에서 다양한 부분의 연대를 짚어볼 수 있도록 구조의 세부 사항을 보여줄 것이다. 내가 직접 그린 일러스트와 도면, 직접 찍은 사진을 곁들여 그런 정보를 간결하고 명쾌하게 전해줄 것이다. 친숙하지 않은 용어는 3부 '용어 정리'에 설명해두었다.

『컨트리 하우스, 일러스트로 보는 영국 귀족의 대저택』은 세 개의 부로 나뉘어 있다. 1부에서는 컨트리 하우스가 처음 발전하기 시작

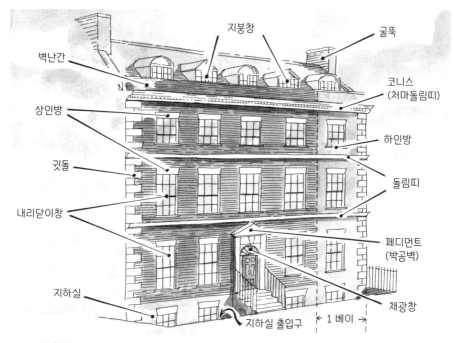

그림 0.1 :

미술공예운동Arts and Crafts Movement 시기의 저택 드로잉(위)과 목조 저택 드로잉(오른쪽). 컨트리 하우스에서 볼 수 있는 핵심 요소들의 이름을 함께 넣었다.

한 중세 말부터 시작하여, 이런 저택들을 판자로 막아 폐쇄하거나 매각하기 시작한 20세기까지 총 다섯 개의 시대를 다룬다. 각 시대별로 건물 구조와 실내 배치, 장식에 영향을 미친 유행의 변화를 설명한다. 2부에서는 건물 안으로 들어가서, 연대를 알아내는 데 도움이 될 수 있는 실내 비품의 서로 다른 스타일과 다양한 주요 방들에 나타난 유행의 변화를 살펴본다. 또한 녹색 베이즈 문{2} 뒤편으로 가서 그 저택

{2} green baize door, 저택에서 가족의 생활 공간과 하인들의 공간을 나누는 문. – 옮긴이

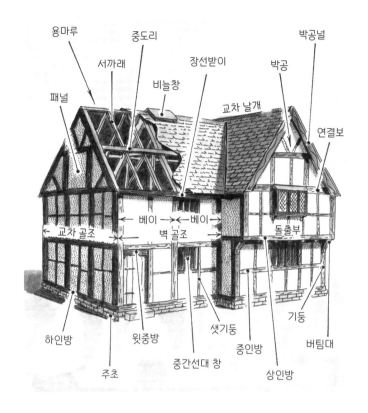

을 돌아가게 하는 중추도 들여다본다. 집안 하인들이 평생의 대부분을 보냈던 살림 공간, 정원, 그리고 소유주인 귀족의 가족을 먹이고 수입을 안겨주며 여가 활동도 즐기게 해주었던 영지도 살펴볼 것이다. 마지막으로 3부에서는 이 책에서 소개한 저택을 포함해 독자들이 방문할 수 있는 주목할 만한 몇몇 저택에 대한 세부 사항과 함께 간략한 가이드, 용어 정리 등을 넣었다.

트레버 요크

1부

컨트리 하우스
건축 양식의 변천사

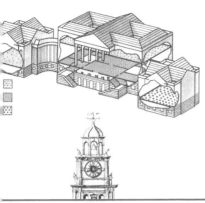

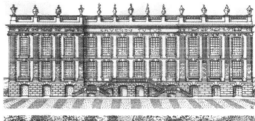

그림 1.1 : 리틀모어턴 홀, 체셔 주

이 두서없는 목조 저택은 15세기에 지은 중앙의 홀을 중심으로, 그다음 100년 동안 여러 공간을 덧붙여 만들어졌다. 그림 속의 유명한 게이트하우스는 그 퍼즐의 마지막 조각으로 1570년대에 지어졌다. 이 시기에 저택을 지은 이들은 대부분 대칭과 비례의 법칙을 몰랐으므로 저택의 구성이 일정하지 않았고, 따라서 화려한 창문들이 늘어선 주요 정면의 한가운데에 보란 듯이 자리 잡은 화장실 블록은 문제 삼지 않았던 것 같다!

1장

기사도와 식탁의 시대

중세 말과 튜더 왕조의 저택들
: 1300 ～ 1560 :

영국 컨트리 하우스의 역사 속으로 여행을 떠나려면 먼저 시계를 700년 전으로 돌려 중세 시대에 맞추어야 한다. 그 시절의 야심만만한 장원 영주의 삶에서는 군사력과 그것이 끌어내는 세간의 존경심이 가장 중요했다. 영주가 거느리는 기사들이 곧 영주의 힘이었으며, 사병의 규모와 그들이 바치는 충성심은 동료 귀족들 사이에서 영주의 입지를 말해주는 바로미터 같은 것이었다. 대신에 영주는 사병들을 대가족으로 여기고 그들에게 먹거리와 잠자리를 제공했다.

이들 공동체는 영주가 한 영지에서 다른 영지로 이동할 때면 함께 여행하곤 했다. 이런 행사는 아주 흔했으며, 두 달에 한 번 정도는 행차한 것으로 보인다. 이들의 뒤에는 어마어마한 짐의 행렬이 따랐는데, 심지어 영주의 침대까지 실어 날랐다! 젊은 귀족 기사부터 지역 농민 소년에 이르기까지 폭넓은 사회적 스펙트럼을 아우르는 이런 이동 식솔은 수백 명에 이르기도 했다. 그러나 그들 대부분은 한 영지에 기반을 두고 있었고 영주가 방문할 때만 시중을 들곤 했다. 중세의 이런 장원 저택은 11세기와 12세기의 성에 뿌리를 두고 있었으므로, 여전히 병영 역할도 했다. 따라서 식솔은 대부분 남자였고, 심지어 주방 일꾼들조차 남자였다.

이런 대가족의 수장은 귀족 영주였다. 군사 지도자이자 독실한 그리스도교인 영주는 신상필벌에 엄격했지만 저택을 찾아오는 낯선 이에게는 환대를 베풀었다. 영주는 기사도 정신을 갖춘 기품 있는 사교계 명사이기도 해서 말과 칼을 잘 다루는 만큼이나 춤과 글에도 능했다. 물론 이런 이상적 이미지를 갖춘 영주는 손으로 꼽을 정도였겠지만, 대망을 품은 귀족이라면 으레 그런 기대를 받았다. 그러므로 영주는 풍성한 연회와 잔치, 여흥(전체 예산의 1/2에서 3/4을 음식과 술을 장만하는 데 쓰곤 했다)으로 손님에게 감동을 줘야 한다는 부담이 있었을 뿐 아니라, 찾아온 손님과 계속 늘어만 가는 식솔들을 수용할 공간을 어딘가에 지어야 했다. 결국 15세기에 이르면 성과 장원 저택이 확장되어 훗날 컨트리 하우스라고 부르게 될 건물의 기반이 마련되었다.

저택 양식 : 14~16세기 중반

이 시기 저택 디자인에서 외형적인 양식은 전혀 중요하지 않았다.

그림 1.2 : 스토크세이 캐슬, 슈롭셔주

웨일스 국경과 가까운 이 장원 저택은 타워(오른쪽) 같은 방어적 특징을 갖추고 있
지만, 14세기의 홀(가운데)과 함께 나중에 덧붙여진 부분들은 화려함과 지위에 더
초점을 맞춰 지어졌다.

건물들은 가사 기능과 군사적 필요성을 염두에 두고 배치되었다. 따
라서 총안銃眼이 있는 벽과 해자로 둘러싸인 안뜰 주변에 건물들이 마
구잡이로 들어서 있는 것처럼 보였을 것이다. 그곳에 들어가려면 거대
한 게이트하우스를 통과해야 했다. 물론 격동하는 국경 지역과는 멀
리 떨어져 있어 비교적 평화로웠던 지방에서는 저택의 방어적인 성격
을 검증받을 기회가 거의 없었겠지만, 영주들은 저택을 부와 권력의
상징으로 여겼다. 심지어 저택을 성의 형태로 짓고는 캐슬castle이라고

중세식 골조

그림 1.3

중세식 골조. 커다란 패널과 두껍고 불규칙한 목재 골조(왼쪽)가 특징이다. 15세기에 들어와서 주로 잉글랜드 남부와 동부에서는 밀집 샛기둥(아래 왼쪽)으로, 중부와 북부에서는 작은 사각 골조로 대체되었다. 장식적인 부분을 넣어 정교한 패턴을 만든 것은 가장 훌륭한 예에 속한다(아래 오른쪽과 그림 1.1).

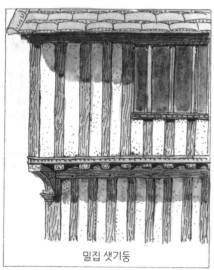

밀집 샛기둥

장식적인 골조

이름 붙인 영주들도 있었다.

저택 건물은 대체로 지역마다 일반적인 주택 양식을 따랐다. 한마디로, 현지의 자재와 기능공들을 동원해서 저택을 지었다는 말이다. 아주 부유한 귀족이나 왕, 교회만이 석재를 수입하거나 다른 지역의 유명한 석공이나 목수를 불러올 수 있었다. 영주들은 저택의 주요 부분은 대대로 내려오던 방식으로 지었으며 문이나 창문 모양, 목재 골조 양식 같은 세부적인 부분에서만 유행을 따랐다. 영국의 북부와 서부의 고지대, 그리고 중부의 석회암 지대에서는 하나의 저택을 짓기 위한 전용 채석장에서 석재를 공급했다. 목재는 대개 다른 지역에 있던 영주의 장원에서 영주를 위해 특별히 따로 준비한 것을 썼다. 벽돌은 일찍이 로마인들이 잉글랜드 해안 지역에 소개한 건축 재료였지만, 로마인들이 떠난 뒤로는 쓰이지 않다가 중세 후기에 동부 지역의 고급 건물들을 지으면서 다시 유행하기 시작했다.

저택 배치 : 14세기에서 16세기 중반

중세의 개방적인 공동 생활이 점차 영주와 가족들의 사생활을 중시하는 생활로 바뀜에 따라 저택 주요 부분의 평면 역시 영향을 받았는데, 이는 18세기에 와서야 비로소 완결된 점진적인 변화였다. 13세기에는 작은 건물들이 여기저기 흩어진 가운데 널찍한 홀 건물이 있던 배치가 흔했으나 16세기에 접어들면서 여러 개의 방이 있는 본채를 중심으로, 살림 건물들과 숙소가 물리적으로 부착되는 배치로 진화했다.

식솔들의 규모가 늘어나기 때문에라도 더 많은 방이 필요했는데, 영주를 모시는 고참 하인들은 전용 숙소를 제공받기도 했다. 기존의 군사 구조물이 없는 개방형 부지에서 본채는 보통 커다란 안뜰 한쪽에 게이트하우스를 마주 보고 지어졌다. 본채 안에는 보통 넓은 홀의 한쪽 끝(솔라solar)에 사적인 방들이 있고, 반대쪽 끝에 살림 공간이 있었

다. 예배실과 함께, 일부 경우엔 더욱 사적인 큰 방chamber들이 홀에서 영주가 쓰는 끝 공간에서 가장 가까운 옆쪽에 나란히 배치되곤 했다. 그 밖에 사랑방과 식솔들의 숙소, 양조장(맥주는 일상의 음료였고, 심지어 아침 식사 때 곁들이기도 했다), 마구간, 독립형 주방(항상 화재의 위험이 있었기 때문에) 등이 저택 복합군의 나머지 부분을 이루고 있었다.

그림 1.4 : 햄프턴 코트, 서리주

중세의 컨트리 하우스는 대개 안뜰을 둘러싸고 건물을 배치했으며 입구 맞은편에 인상적인 게이트하우스가 있었다. 이 궁전의 으리으리한 게이트하우스 문간 위쪽은 돌출창과 문장으로 장식되어 있다.

외부 디테일 : 14세기에서 16세기 중반

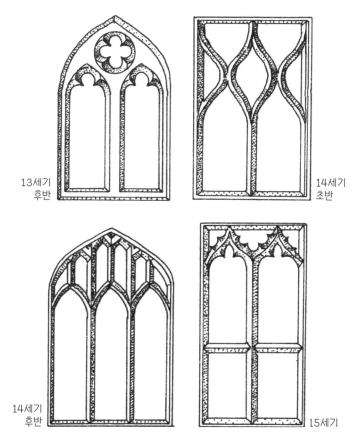

13세기 후반

14세기 초반

14세기 후반

15세기

그림 1.5

대부분의 창은 단순한 사각형이었고, 수직 지지대인 중간선대mullion가 있거나, 그보다 큰 창에는 가로 지지대인 중간홈대transom가 있는 식이었다. 그러나 중요한 방의 창에는 더 극적인 요소가 필요했는데, 때로는 교회의 창에서 볼 수 있는 양식을 그대로 따와 트레이서리(tracery, 석재나 목재로 짜넣은 장식 격자)를 넣은 창문을 넣기도 했다. 이를테면 홀의 끝, 장원 영주가 앉는 단(데이스dais) 쪽의 창문이 그런 경우다. 창문 디자인은 시간이 지날수록 다양해져 연대 추정에 도움이 되기도 한다. 원래 대부분의 창은 날씨에 그대로 노출되어 있었고(창의 가장 큰 목적은 환기였다), 목재 덧문이나 동물 가죽, 기름먹인 천 커튼 등으로 비바람을 막았다. 유리는 15세기부터 최고급 저택에서나 볼 수 있게 된 사치품이었고, 매우 귀한 물건이었으므로 영주가 다른 영지로 주거지를 이동할 때는 창틀 전체를 떼어서 가져가기도 했다. 창문은 16세기 후반에 와서야 법에 따라 저택에 고정된 부분으로 자리 잡았다.

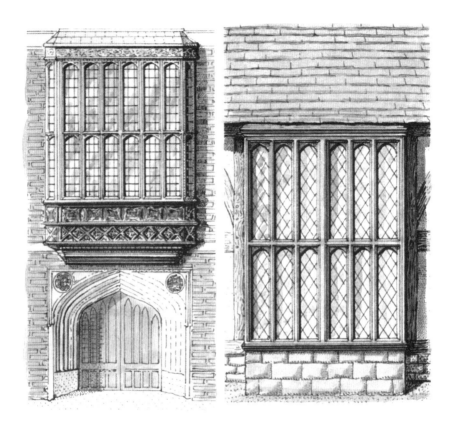

그림 1.6 :

유리창에는 종종 가문의 문장을 넣어 장식했는데, 이것이 최고의 효과를 발휘할 수 있는 장소는 돌출창인 베이 윈도bay window나 오리얼oriel이었다. 16세기에 이르면 오리얼은 보통 건물 위층에서 밖으로 튀어나온 창을 가리켰는데, '오리올oriole'은 포치porch, 계단, 그리고 기도실의 돌출부에 쓰이던 단어였다(오리얼oriel이라는 단어는 기도실을 뜻하는 오라토리oratory에서 유래했을 것이다). 베이 윈도는 받침대에 얹어서 만든 돌출창을 가리키며 한 개 이상의 층에 걸쳐 있는데, 이런 종류의 창문도 때로 오리얼이라고 부른다. 이런 돌출창은 홀의 끝에 있는 데이스의 가장 두드러진 특징이었지만, 15세기에 이 위치에 트레이서리(장식 격자)가 유행하면서 종종 트레이서리 창으로 대체되었다. 돌출창은 기존의 전통적인 창보다 빛이 훨씬 많이 들어왔을 뿐만 아니라 홀에 있는 사람들이 밖에 누가 왔는지 쉽게 엿보게 해주었다!

그림 1.7

중요한 출입구에는 돌이나 목재를 깎아 만든 아치가 있었다. 초기의 아치는 뾰족한 꼭대기가 뚜렷이 보였지만, 시간이 흐르면서 꼭대기가 점점 밋밋해지다가 16세기에 이르면 거의 매끈해졌다. 아치 위의 모서리 공간(스팬드럴spendrel)에는 장식 부조와 문장 방패를 새겨넣곤 했는데, 워릭셔주의 캄튼 위니어츠 저택을 그린 이 그림에서처럼, 상단의 몰딩은 양쪽 측면(문설주)를 따라 내려가다 바닥에 닿기 전에 패턴이 있는 끝장식에서 마무리되었다. 주 출입구에서 멀리 떨어져 있는 문들의 경우, 문틀은 대체로 벽 구조의 일부였고, 문은 문틀에 끼우지 않고 문틀 뒤쪽에서 닫히게 되어 있었다. 문짝 자체는 너비가 일정하지 않은 널빤지 몇 개를 수직으로 나란히 놓고 뒷면에 가로대를 대서 고정한 것이었다(일정한 목재 여러 개를 이어 만든 문들은 대체로 나중에 교체된 것이다). 이렇듯 널빤지와 가로대로 만든 단순한 문이었지만, 장식적인 금속 띠 경첩을 달고, 패턴을 이루도록 고정 못들을 박아 디자인하거나 문을 보강하는 목재들을 덧댐으로써 미적 수준을 높였다.

그림 1.8 : 버트레스

석공들이 맞닥뜨렸던 문제는 경사진 지붕의 하중이 그 아래쪽의 벽을 바깥으로 밀어낸다는 것이었다. 이를 해결하기 위해 지붕의 트러스(지붕을 받치는 삼각형 들보)와 열을 맞춰 건물 측면을 따라, 버트레스(buttress, 버팀벽)를 세웠다. 건축가들은 버트레스가 대부분의 하중을 받친다는 것을 깨달았고, 따라서 시간이 갈수록 버트레스는 더 깊어졌다. 아울러 벽은 점점 더 얇아졌고, 벽에는 더욱 평평한 아치를 넣은 더 커다란 창들을 낼 수 있었다. 사진에서 홀 측면에 늘어선 버트레스(위)는 나중에 덧붙여진 것인데, 내부의 주요 트러스(아래)와 열을 맞춰 세워져 있다.

그림 1.9

15세기와 16세기에 컨트리 하우스에는 크고 작은 사적인 방들이 생겨나는 극적인 변화가 일어났는데, 이런 변화는 굴뚝이 도입되면서 비로소 일정 정도 가능해진 일이었다(이 시기에 굴뚝chimney이란 벽난로와 높은 굴뚝 전체를 가리키는 말이었다). 그전에는 홀 중앙에서 불을 때면 연기는 지붕의 비늘창을 통해 빠져나갔는데, 이는 위층을 만들 수 없다는 뜻이었다. 연기 후드를 사용하거나 홀의 한쪽 구석이나 끝의 우묵한 곳에서 불을 때기도 했지만, 홀 위에 추가적인 방들을 만들 수 있게 된 것은 화로를 벽면에 붙이거나 벽 안쪽으로 넣게 된 후였다. 벽난로에서 올라간 연기는 지붕의 가장 낮은 부분에서 새어 나가곤 했기 때문에, 연기를 빨아올리기 위해서는 용마루 바로 위까지 굴뚝을 연장해야 했다. 이런 굴뚝들은 지위의 상징이 되었고, 장식적인 다각형 벽돌 굴뚝들이 길게 늘어선 형태는 튜더 왕조 시대 컨트리 하우스의 뚜렷한 특징이 되었다. (실제보다 벽난로가 더 많은 것처럼 보이게 하려고 가짜 굴뚝을 덧붙인 것들도 더러 있었다.)

그림 1.10 : 1400년 무렵의 홀 상상도

상상의 홀을 방문해보자. 우리의 첫 방문 날짜는 1400년, 나지막한 목조 가옥들과 몇몇 2층집을 지나면 이 장원 저택을 에워싼 총안 있는 거대한 담벼락이 나온다. 모퉁이를 돌아 게이트하우스를 통과하면 일련의 건물들로 둘러싸인 마당으로 들어서는데, 그 건물들 사이를 영주의 일꾼들이 바쁘게 오가고 있다. 여러분의 눈앞에는 커다란 창문과 지붕의 비늘창으로 보아 홀인 듯한 건물이 있고, 그 뒤로는 주방 건물이 있다. 화재의 위험 때문에

Exemplar Hall c. 1400

주방은 본채와 떨어져 있다. 건물들이 산만하게 흩어져 있다는 인상을 받는데, 전체적인 구성보다 부수적인 장식들이 먼저 눈길을 끈다. 그림 속의 전형적인 중세 장원 저택은 중세를 거치면서 서서히 발전했지만 16세기에 들어오면 모든 것이 전과는 다른 속도로 변했다. 새로 등장한 귀족들은 다른 야망과 동기를 품고 있었고, 자신들의 야망과 부를 과시하는 수단으로 컨트리 하우스를 활용하게 된다.

그림 2.1 : 하드윅 홀, 더비셔주

엘리자베스 시대에 가장 유명했던 석공장인 로버트 스마이슨Robert Smythson이 설계한 저택으로, 엘리자베스 1세를 보필하던 시녀이자 당대의 여성 권력자였던 하드윅의 베스를 위해 1591~1597년에 지었다. 이 저택은 정면이 대칭을 이루고, 지붕이 벽난간 뒤에 숨어 있으며, 유리의 면적이 벽보다 넓다는 점이 기존 저택들과 크게 달랐다. 외향적으로 보이는 이 저택은 강렬한 인상을 주기 위해 지은 것으로, 가장 두드러진 타워의 꼭대기가 주인의 이니셜로 장식되어 있다('E, S'는 하드윅의 베스의 정식 이름인 엘리자베스 슈루즈버리Elizabeth Shrewsbury를 나타낸다).

2장

풍요와 인문의 시대

엘리자베스 1세와 제임스 1세 시대 저택들
: 1560 ~ 1660 :

　　영국에서 귀족들이 왕좌를 둘러싼 싸움을 벌이던 15세기에 저 멀리 이탈리아에서는 인문학을 바탕으로 한 새로운 교육 체계가 고대 그리스와 로마의 문학, 미술, 건축에 대한 새로운 평가를 이끌고 있었다. 이른바 르네상스로 더 잘 알려진 고대 부흥 운동이었다. 그러나 르네상스가 16세기 잉글랜드에 미친 영향은 제한적이었는데, 주된 이유는 헨리 8세가 캐서린 왕비와 이혼하려고 하다가, 로마 및 가톨릭교를 믿던 유럽과 단절한 것이었다.

　　이처럼 문화적으로 고립되어 있었음에도 불구하고 인문주의는 영국의 상류 계급에 영향을 미쳤고, 새로운 르네상스 신사라면 으레 라틴어와 그리스어를 알고, 고대 경전과 고전을 두루 읽은 사람이며, 시를 쓸 수 있다고들 생각했다. 그런 한편 인문주의적 이상의 영향으로 개인적 부의 획득과 과시가 더욱 용인되는 분위기가 조성되었다.

몇 세대에 걸쳐 전쟁과 역병을 겪은 후, 16세기 후반에는 눈부신 부의 상승이 있었는데 특히 젠트리 계급이 큰 부를 쌓았다. 많은 귀족이 궁정에서 권력과 영향력을 행사할 수 있는 지위를 얻었고, 광물을 채굴하거나 경지를 구획하는 식으로 영지를 더욱 효율적으로 활용함으로써 부를 크게 늘렸다. 더욱이 임대료와 식량 가격의 상승으로 모든 귀족이 이득을 보았다. 1530년대 말에 헨리 8세가 수도원을 해체하자 많은 귀족이 새롭게 영지를 획득했다. 하지만 수도원의 새 주인들이 낡은 수도원을 허물고 그 자리에 휘황찬란한 새 저택을 세운 것은 비교적 평화로운 번영기였던 엘리자베스 1세 시대의 일이었다. 아울러 하급 젠트리, 궁정 조신, 상인, 변호사 등의 신흥 계급이 좋은 교육을 받고 고관대작이 될 기회를 거머쥠에 따라 상층 계급의 범위도 확장되고 있었다.

1603년 제임스 1세가 왕위에 오르고 스페인과의 전쟁이 끝났다. 유럽과 다시 왕래할 수 있게 되자 대륙의 르네상스 사상은 더욱 자유롭게 흘러들어왔다. 제임스 1세 시대에도 고전주의 건축의 옹호자들이 있었지만, 내란과 크롬웰의 공화정이 휩쓸고 지나간 후에 마침내 그들이 컨트리 하우스에 미친 영향이 꽃을 피웠다. 이 시기에 컨트리 하우스를 지은 이들은 대륙에서 건너온 건축 패턴 책 한 권으로 무장하고 한 명의 석공 장인을 거느린 귀족 또는 젠트리들이었다.

그림 2.2 : 벌리 하우스, 링컨셔주

엘리자베스 1세의 측근이었던 윌리엄 세실William Cecil을 위해 30년이 넘게 공사한
끝에 1580년대에 완성된 거대 저택. 겉에서 보면 한 덩어리로 된 견고한 건물 같지
만, 사실은 가운데 안뜰을 사각형으로 에워싸고 있다. 수많은 창, 눈에 띄는 과시적
인 굴뚝들, 총화(파꽃 모양) 지붕을 올린 타워 등은 엘리자베스 시대의 전형적인 특
징이다.

저택 양식 : 16세기 중반에서 17세기 중반

엘리자베스 1세 시대에 새로 지은 컨트리 하우스에서 나타난 첫
번째 중요한 변화는 집들이 이제 바깥쪽을 바라보기 시작했다는 것
이다. 많은 저택이 여전히 안뜰을 에워싼 형식으로 지어지기는 했지만,
이제 저택의 정면은 좋은 인상을 주면서 주인의 훌륭한 취향과 부를
과시하게끔 설계되었다. 또한 이들 새 저택은 대칭적인 구조를 띠고 있
었다. 대칭은 르네상스식 관습이었는데, 이는 신이 자신의 형상을 따
라 인간을 빚어냈으므로 인체의 비례는 신성하며, 이 신성한 비례에

그림 2. 3 : 왈라턴 홀, 노팅엄

로버트 스마이슨이 설계한 이 거대 저택은 중앙부를 높이고 홀 위에는 둥근 모퉁이 포탑을 세워 흡사 성 같은 윤곽을 이루고 있다.

는 인간의 대칭성이 포함된다는 고대인들의 믿음에서 비롯된 것이다. 영국의 건설자들도 이런 규칙을 적용하고 수많은 고전적 모티프를 사용했다. 하지만 그들은 이탈리아 건축가들이 사용하던 비례의 법칙과 기하학의 진정한 성격을 제대로 이해하지 못한 채 어설프게 원주와 페디먼트^(박공벽)를 쌓아놓는 게 고작이었다.

이 시기에 나타난 두 번째 특징은 유리에 대한 집착이다. 유리를 구하기가 훨씬 쉬워지자, 컨트리 하우스 건설자들은 기회가 있을 때마다 유리를 사용하려는 것 같았다. 중세 시대에 단단한 벽체로 이루어졌던 정면은 이제 높은 유리창으로 반짝이게 되었다. 남부와 동부, 중부에서 더 널리 전파되고 있던 벽돌은 여전히 사치품이었고, 다른 색 벽돌을 섞어 다이아몬드 패턴을 만들기도 했다. 엘리자베스 1세 시대와 제임스 1세 시대 컨트리 하우스에서 두드러지는 또 다른 특징은 벽에 연속적인 엔태블러처entablature나 띠몰딩을 사용해, 각 층마다 돌출된 수평 테두리로 저택 전체를 에두른 것이다.

거대 저택

이 시기를 지배한 뚜렷한 한 가지 양식은 없었다. 많은 영주들은 여전히 목재 골조로 된 지역 일반 주택 양식으로 저택을 지었으며 유리창을 많이 내고 고전적 디테일을 흉내 낸 몇 가지 요소를 덧붙이는 게 전부였다. 그러나 더욱 부유하고 범세계주의적인 귀족들은 돌과 벽돌을 사용해 으리으리하고 대칭적인 새 저택을 지었다. 이런 저택에도 여전히 성의 흔적을 간직한 모퉁이 타워와 게이트하우스가 남아 있었지만, 이제는 크고 반짝이는 수직의 유리창과 고전적인 특징의 조각들, 그리고 띠 장식이나 문자로 장식한 벽난간이 추가되었다. 보통 군주의 방문을 염두에 두고 지은 이들 거대 저택은 '프로디지 하우스 Prodigy House'라고 불렸다.

북해 연안 저지대에 있는 프로테스탄트 동맹국들과 접촉한 이후 네덜란드식 박공 같은 디테일은 이미 수입되고 있었다. 그러나 17세기 초반에 대륙 여행에 대한 제한이 사라짐에 따라 르네상스 사상은 더욱 자유롭게 흘러들었다. 이 무렵 유럽의 건축가들은 엄격한 고전주의 규칙의 제약에 오래전부터 싫증을 느껴 그 규칙을 비틀기 시작하고 있었다. 이 장난스러운 양식을 잉글랜드에서는 '장인의 매너리즘 Artisan Mannerism'이라고 불렀는데, 그 유행은 찰스 1세의 통치기에 열매

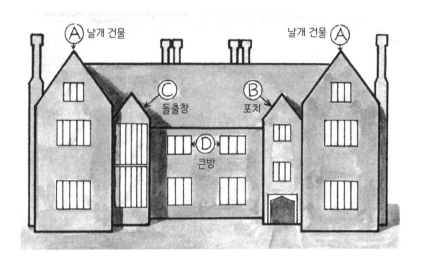

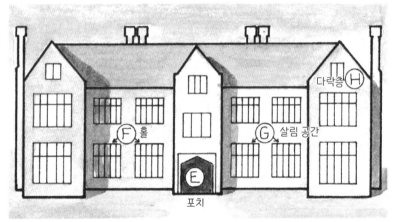

그림 2.4

일부 소유주는 예전의 저택(위)을 시대에 맞춰 개조하는 정도였다. 새로운 날개 건물을 붙이고(A), 포치(B)를 내어 돌출창(C)과 균형을 맞추고 홀 위에 커다란 방 하나를 끼워넣었다(D). 그러나 처음부터 새 건물(아래)을 지을 때는 포치를 한가운데(E) 놓을 수 있었는데, 이 경우 홀은 왼쪽(F)에, 살림 공간은 오른쪽이나 뒤쪽(G)에 배치했고, 여분의 숙소로 사용할 다락층(H)을 만들었다.

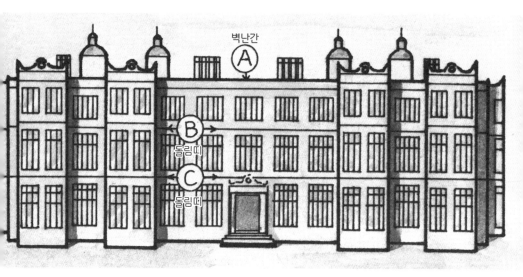

그림 2.5 : 롱리트 하우스, 윌트셔주

아마도 16세기 잉글랜드에서 르네상스식 저택에 가장 근접한 예일 것이다. 하나의
유리 덩어리처럼 보이는 정면, 지붕을 가린 벽난간(A), 그리고 돌림띠string course라
고 부르는, 층마다 저택을 에두르는 수평의 몰딩(B, C)이 특징이다.

를 맺기 시작했지만, 내전 때문에 오래가지는 못했다. 영국 최초의 위

대한 건축가 이니고 존스Inigo Jones는 제임스 1세 시대에 건축 작업을

시작했다. 그는 고전주의 건축 원리를 획기적일 만큼 잘 이해하고 있

었지만, 궁정의 돈줄이 한정되어 있었다는 얘기는 그의 도면이 제도판

을 벗어나 실현된 경우가 별로 없었음을 뜻한다. 이니고 존스의 천재

성이 영국의 컨트리 하우스에 영향을 미치기까지는 아직 100년은 기

다려야 할 터였다.

저택 배치 : 16세기 중반에서 17세기 중반

제대로 교육받은 엘리자베스 1세 시대 사람들은 상징이라는 은밀한 언어와 숨은 의미로 소통하는 것을 좋아했는데, 이런 성향은 저택 평면에도 나타났다. 알파벳 대문자 E 모양의 배치는 엘리자베스 여왕이나 임마누엘{3}에 대한 경의를 의미할 수 있었다. 건축가 존 소프 John Thorpe는 심지어 한 저택의 평면을 자기 이름의 머리글자 모양으로 설계하기도 했다.

기하학 도형, 특히 원과 삼각형, 십자형 등도 공간 배치의 기본이 될 수 있었다. 예를 들어 노샘프턴셔주 러시턴에 있는 삼각 평면 로지 lodge는 삼위일체를 상징하는데, 주인의 가톨릭 신앙을 표현한 것이었다. 그러나 이 시기에 흔히 볼 수 있었던 것은 E나 H 모양의 평면이었다. 본채 한가운데 포치를 세우는 경우가 점점 많아졌는데, 이 본채의 양쪽 끝에 직각으로 날개 건물을 붙이면 전체가 글자 모양을 이루었다. 한편 가장 큰 저택들은 거대한 하나의 블록처럼 보이지만, 보통은 한가운데 넓은 공간에 깊고 큰 주요 방 하나가 배치되곤 했다.

중세 때 장원 공동체의 중심이던 컨트리 하우스가 교양 있는 귀족의 사적인 거주지로 변모하면서, 엘리자베스 1세 시대와 제임스 1세 시대 저택의 배치에도 이런 역할 변화가 나타났다. 앞의 예들을 보면 알 수 있듯, 홀은 저택에서 주요 부분을 차지하고 있었지만, 한쪽 끝에서 들어가게 되어 있었기 때문에, 주 출입구는 중앙에서 떨어져 있었다. 그러나 대칭에 대한 인식이 높아지고 홀이 예전의 중요성을 잃게

{3} Emmanuel, 구약에서 예언한 구세주, 즉 예수를 가리킨다. – 옮긴이

그림 2.6 : 블리클링 홀, 노퍽주

총화 지붕을 얹은 타워, 네덜란드식 박공(가운데 있는 3개의 박공으로, 각각 사분원과 돌출부로 이루어진 모양이다), 지붕 위의 흰색 쿠폴라(cupola, 돔 같은 둥근 지붕) 등은 모두 17세기 전반에 인기를 끌던 특징들이다. 가장 높은 창들은 의전용 큰 방들의 위치를 보여주는데, 이 시기에는 이 저택에서처럼 종종 바닥을 올린 1층에 배치되곤 했다.

되면서, 방들을 새롭게 재배치할 수 있었을 뿐 아니라 중앙 현관을 정면의 한가운데에 놓을 수 있었다. 하드윅 홀(그림 2.1)에서 처음으로, 둥글게 만든 홀 끝이 정면에 놓이면서 대칭을 만들기가 더욱 쉬워졌고, 따라서 홀은 오늘날 우리가 떠올리는 현관방이 되었다.

이처럼 저택의 기능이 사생활 중심으로 옮아가자 방의 개수는 점점 늘어났고, 이런 방들을 2개 층보다는 3개 층에 걸쳐 배치할 수 있었다. 더욱 큰 대저택에는 중요한 손님, 가급적이면 왕실 손님을 즐겁게 하면서 좋은 인상을 주기 위한 일련의 의전용 큰 방들을 위층에 만들 수 있었다. 이런 큰 방에는 그 저택에서 가장 높은 창들이 나란히 늘어서 있어서 외부에서도 한눈에 알아볼 수 있다. 그다음으로는 가족을 위한 더욱 사적인 방들이 있었던 반면, 하인들은 여전히 아래층의 옛날 홀에서 식사를 했다. 17세기에 와서 옛날의 홀이 입구 공간이 되면서, 하인들을 위한 별도의 홀이 만들어졌다. 이때쯤 주방은 건물 본채 안으로 옮겨졌는데, 벽 안쪽으로 석재나 벽돌로 만든 벽난로가 등

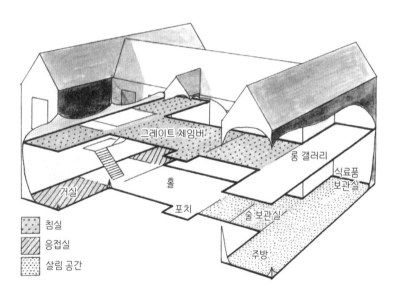

그림 2.7

이 시대의 평범한 컨트리 하우스 단면도. 입구를 중심으로 살림 공간과 홀이 서로 반대편에 있는 일반적인 배치를 보여준다. 롱 갤러리가 한쪽 날개 건물 전체에 뻗어 있지만, 2층이나 3층에 저택의 길이만큼 롱 갤러리가 있는 경우도 있다.

그림 2.8 : 햇필드 하우스, 하트퍼드셔주

제임스 1세 시대에 지은 이 저택의 남쪽 정면 중앙부는 르네상스 느낌이 물씬 풍긴
다. 1층에 늘어선 아치형 개구부(로지아loggia), 고전적인 기둥과 벽기둥, 네덜란드식
박공 등은 모두 그 시기 유럽 대륙 저택의 특징을 모방한 것이다. 중앙 현관 양쪽에
올린 쌍기둥들은 16세기 말과 17세기 초 저택의 전형적인 특징이었다.

장하여 옛날의 요리 화덕을 대체했고, 따라서 화재 위험이 크게 줄었기 때문이다. 야심만만한 영주의 저택에서 빠질 수 없는, 유독 이 시기에 유행하던 부수 공간은 롱 갤러리long gallery였다. 좁고 긴 직사각형 방이나 복도인 롱 갤러리는 대개 건물의 너비 또는 길이 전체에 걸쳐 뻗어 있었으며, 한쪽 면이나 양쪽 면에 나란히 낸 창들이 길게 늘어서 있었다.

외부 디테일 : 16세기 중반에서 17세기 중반

그림 2.9

16세기와 17세기 초 컨트리 하우스의 전형적인 창. 창틀은 거의 예외 없이 정사각형이나 직사각형이었고, 고정된 중간홈대transom와 수직의 중간선대mullion가 몇 개 있었다. 커다란 판유리를 만드는 기술이 아직 없었으므로 작은 유리판들을 다이아몬드 패턴으로 채워 넣었다. 이 작은 유리들을 고정하는 납 띠의 안쪽 가운데에는 유리창의 손상을 막기 위한 금속 지지대가 있었다.

그림 2.10

이 시기에는 아래쪽에 있는 각각의 벽난로와 연결된 여러 개의 굴뚝을 지붕 위에서 합쳐놓는 경향이 있었는데, 이 예에서 보다시피 종종 일렬로 세우곤 했다. 굴뚝 재료로는 벽돌과 돌이 쓰였고, 굴뚝들을 서로 이어주는 윗부분의 띠는 종종 중요한 특징이었다. 17세기에 오면서 이 띠가 덜 두드러지기 시작했다.

그림 2.11

이 모퉁이 타워는 16세기와 17세기 초의 저택에서 흔히 보이는 특징이다. 벽돌 구조에 모서리 부분은 귓돌로 마감했고, 독특한 'S'자 모양의 총화 지붕을 씌웠다.

그림 2.12 : 라임 파크, 체셔주

이 시기에는 중세 저택의 소박했던 입구는 사라지고, 화려하면서 가끔은 어설픈 포치로 대체되었다. 이 시기 포치는 높고 좁으며, 온갖 고전주의적 장식과 원주, 그리고 아래쪽의 둥근 천장이 있는 출입구가 특징이었다. 체셔주에 있는 라임 파크의 이 북쪽 정면에는 그 모든 특징이 나타나 있다. 다만 조각상이 있는 꼭대기 부분은 나중에 추가된 것이다.

그림 2.13

마름모꼴을 이루는 '다이어퍼diaper' 패턴의 벽돌쌓기. 벽돌을 구울 때 일부러 태운 벽돌이나 소금을 첨가해 유리화되어 짙은 색을 띠는 벽돌을 섞어 쓴다. 이 시기의 벽돌은 종종 현장에서 직접 손으로 만들었는데, 기계로 찍어낸 현대의 벽돌에 비해 더 얇고 길쭉했다. 벽돌의 배열을 달리함으로써 벽면에 형성된 패턴을 본딩bonding이라고 하는데, 이 시기에는 마구리(벽돌의 짧은 쪽 끝)와 길이(긴 면)를 한 켜씩 번갈아 쌓는 영국식쌓기가 인기 있었다.

그림 2.14

벽면의 꼭대기를 따라서 세운 벽난간은 지붕을 보이지 않게 가려주고 건물을 더 위풍당당하고 고전주의적으로 보이게 해주었다. 이 시기의 벽난간은 이름의 머리글자(그림 2.1의 하드윅 저택 타워 꼭대기처럼)를 끼워 넣거나 이 그림에서처럼 돌로 실제 글자를 만들었다.

그림 2.15

주변의 석조 벽면보다 살짝 도드라지되 평평하게, 소용돌이와 직선을 넣은 이런 패턴을 띠 장식 즉 스트랩워크strapwork라고 한다. 이런 띠 장식은 1580년과 1620년 사이에 인기를 끌었고, 외부는 물론 내부의 장식 요소에서도 발견된다.

그림 2.16 : 1600년 무렵의 홀 상상도

1400년 무렵의 상상 속의 홀을 방문한 지 200년이 지났다. 이즈음 장원 영주들의
형편도 약간은 나아졌다. 그들은 가족의 보금자리를 새로 짓기보다는 근사하게 장
식하는 정도였다. 입구에는 벽돌로 지은 위풍당당한 게이트하우스가 세워졌고 그
너머 안뜰에는 새로운 숙소와 살림 건물들이 들어서 있다. 대칭 개념을 약간이나마
수용하는 경향이 중앙 홀 정면에서 엿보이는데, 왼쪽에 보이는 커다란 돌출창과,
그것과 균형을 이루는 오른쪽의 높은 포치가 그것이다. 새로운 주방이 저택의 오른
쪽에 들어섰고, 예전에 주방이 있었던 뒤쪽 공간은 이제 정원이 되었다.

Exemplar Hall c.1600

이와 같은 젠트리 계급의 수수한 컨트리 하우스는 여전히 아마추어적인 건축 시도
였고, 때로는 전통 영국식 형태와 외국에서 들어온 최신 고전주의적 장식이 어설프
게 뒤섞여 있었다. 1660년대부터는 유럽의 건축 이론과 양식에 더욱 정통한 새로운
유형의 귀족과 장인들이 새로운 형식의 저택들을 설계하기 시작했다. 과감한 구조
에 신중하게 공간을 배치한 저택들이 등장하자 하급 젠트리들도 그것을 모방하기
시작했다.

그림 3.1 : 벨턴 하우스, 링컨셔주

17세기 말에 지어진 이 집은 로저 프랫Roeger Pratt이 설계한 런던의 클래런던 하우스
와 비슷하다. 클래런던 하우스는 버크셔주의 콜스힐 저택과 함께 이 시기 수많은 컨
트리 하우스 설계에 영향을 미쳤다. 벨턴 하우스는 1684년부터 1687년까지 빠르게
지어졌다. 벨턴 하우스의 멘토 격이던 클래런던 하우스는 이 저택 건축이 시작되던
해에 허물어져 수명이 겨우 17년에 불과했지만, 이 집은 오늘날까지 건재하다.

3장

상업 혁명과 과학

왕정복고, 윌리엄 3세와 메리 2세 시대 저택들
: 1660 ~ 1720 :

종교와 정치적 견해의 차이가 갈등으로 폭발하면서 1642년에 내전이 일어났다. 이후 의회파가 승리를 거둠에 따라 상당수의 귀족과 젠트리 계급이 죽거나 망명길에 올라 프랑스 및 북해 연안 저지대 국가들로 떠났다. 이들은 1660년 왕정복고 후에야 돌아와서 권력을 되찾았다. 주민들은 찰스 2세를 환영했지만, 의회는 더욱 신중했고, 국왕의 권력과 돈줄을 조였다. 결국 찰스 2세는 프랑스 왕 루이 14세에게 재정 지원을 요청했다.

청교도와 로마 가톨릭교도가 대치하던 종교적 긴장의 시기에, 찰스 2세는 조심스러운 외교 노선을 밟았다. 그가 진짜로 어느 종교를 믿었는지는 임종 시에야 밝혀질 정도였다. 그는 자신의 가톨릭 성향을 비밀에 부쳤지만, 1685년에 뒤를 이어 왕이 된 동생 제임스 2세는 그렇지 않았다. 제임스 2세의 아들이 태어나면서 가톨릭교도가 왕위에 오를 가능성이 떠오르자, 일단의 귀족들은 제임스 2세의 딸 메리와 결혼한 오라녜공 빌럼(오렌지공 윌리엄)에게 영국을 침공해 왕권을 요구하라고 초대장을 보냈다. 명예혁명으로 알려진 헌법적 변화로 의회의 권력이 강화되었고 귀족의 세력이 군주의 힘보다 커졌다. 이에 따라 귀족들은 더 크게 부를 일굴 기회를 잡았고 새로운 공직에서 나오는 특전도 함께 얻었다.

한편 새로 권력을 잡은 의회는 군주가 돈이 필요할 때나 소집되던 것을 넘어서 정기적으로 회의를 열었다. 그에 따라 회기마다 젠트리와 그 수행단이 한꺼번에 런던으로 밀려들면서 사교 시즌이 생겨났고, 많은 젠트리는 겨울 동안 컨트리 하우스를 떠나 새로 지은 근사한 도시 저택을 임대하곤 했다. 그러나 반대 방향으로 이동하는 귀족들도 일부 있었다. 이들은 런던의 저택에 세입자를 들여 부수입을 올리면서 지방에 있는 영지를 개발하는 데 노력을 집중했다. 정치가 충분히 안정되었으니 대규모 저택을 지을 자신감이 생겼던 것이다.

한편 이 시기는 상업 혁명의 시대였고, 상층 계급 중에는 외국에서 사업을 벌여 더욱 부유해진 이들이 많았다. 과학도 꽃을 피웠다. '세계의 종말'이 다가왔다는 많은 이들의 믿음에 맞서 자연을 이해하고 통제하려는 욕구가 강해졌기 때문이다. 새로운 과학 지식을 갖춘 교양 있는 신사와 여전히 중세 미신의 영향을 받는 까막눈이 하인들의 격차는 더욱 벌어졌다.

그림 3.2 : 서드버리 홀, 더비셔주

1660년대와 1670년대에 주로 지어진 저택으로, 미래에 대한 기대 못지않게 과거에 대한 회상을 품고 있다. 이 남쪽 정면에는 쿠폴라, 벽난간, 지붕창, 단순한 직사각형 굴뚝 등 당시 유행하던 특징들이 보이지만, 마름모꼴 벽돌쌓기와 제임스 1세 시대의 중간선대가 있는 창 등 이때쯤엔 이미 유행이 지난 요소도 볼 수 있다. 아마도 이는 당시의 일부 귀족들처럼, 직접 건축가로 나섰던 저택의 소유주인 조지 버넌 George Vernon의 취향 때문일 것이다.

이들 모두가 함께 거주하는 저택을 지을 때 소유주가 진행하는 경우는 여전히 많았지만, 이제 건축가의 도움도 받고 있었다. 건축가라고는 하지만 직업적 전문 건축가라기보다는, 유럽 대륙에서 유행하는 건물 양식을 연구하고 고전 건축의 원리를 이해하고 있는 교양 있는 신사였을 것이다. 사실 그들 가운데 건축 공부를 한 사람은 드물었다. 예를 들어 존 밴브러John Vanbrugh는 해군 대위였고, 크리스토퍼 렌 Christopher Wren은 해부학을 공부한 학자였지만, 이들 독창적인 사람들은 컨트리 하우스 설계가로서 석공과 목수를 대체했다.

저택 양식 : 17세기 중반에서 18세기 초반

1660년에 왕정복고가 이루어지면서 프랑스와 저지대 국가들에서 돌아온 궁정 대신들은 고전주의 건축에 대한 최신 취향도 함께 들여왔다. 이 새로운 디자인이 시대를 풍미하게 되자 자신의 장원 저택을 영국의 일반 저택 양식으로 지으려는 젠트리는 거의 없었다. 이 시기 가장 두드러진 저택 유형은 이니고 존스가 작업한 몇 안 되는 저택과, 1650년대 초 로저 프랫 경이 지은 버크셔주의 콜스힐 저택(지금은 허물어졌다), 그리고 네덜란드에 망명했던 이들이 보았던 네덜란드 팔라디오 양식 저택에서 진화한 것이었다. 이런 저택들은 정면이 단순했는데, 모서리에는 귓돌을 놓았고 대체로 같은 크기의 높은 창을 두 줄로 내고 흰색의 깊은 코니스를 둘렀다. 그 위로 눈에 띄는 모임지붕에는 지붕창을 나란히 내고 두꺼운 직사각형 굴뚝들을 세웠다. 굴뚝 위에는 쿠폴라를 얹기도 했다(그림 3.3 참조).

바로크 양식

건축 양식의 이름 중에는 한 세대의 양식이 시대에 뒤졌거나 부적절한 유행이라고 여긴 다음 세대의 디자이너들이 비하하는 뜻에서 붙인 것들이 많다. 바로크 양식의 경우, 그 기발한 형상과 호화로운 장

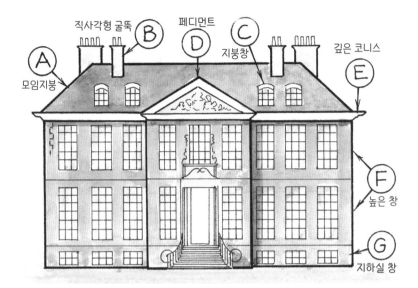

그림 3.3 : 업파크, 서식스주

이 네덜란드 양식 저택의 정면에는 모임지붕(A)이 얹혀 있고, 단순한 직사각형 굴뚝(B)과 지붕창(C)이 있으며, 페디먼트(D)와 깊은 코니스(E)가 있다. 두 줄로 늘어선 높은 창(F) 중에서도 약간 더 높은 아래쪽 창들은 그 층에 주요 방들이 있음을 말해주며, 절반 높이의 맨 아래쪽 창들(G)은 지하실의 채광을 위한 것이다.

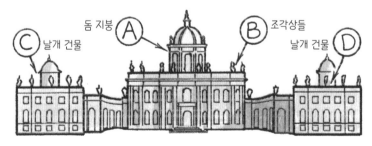

그림 3.4 : 캐슬 하워드, 요크셔주

돔 지붕(A)과 벽난간 위에 늘어선 조각상들(B)은 그 높이가 서로 달라서 이 유명한 바로크 양식 저택의 극적인 스카이라인을 만들어낸다. 가운데의 본채 옆으로 펼쳐진 별개의 두 날개 건물 중 하나(C)는 살림 공간으로, 다른 하나(D)는 마구간으로 설계되었으나 30년 후에 하인들의 거처로 지어졌다.

식, 불규칙한 스카이라인이 특징이던 17세기 후반과 18세기 초반의 대저택들을 가리켜 후대의 비평가들이 붙인 이름으로, '찌그러진 진주'를 뜻하는 프랑스어 바로코barocco에서 따온 이름이었다. 바로크 양식은 16세기에 일어난 가톨릭교회의 개혁에 기원을 두고 있었다. 바로크는 프로테스탄티즘의 위협에 대한 반작용으로 등장한 새로운 예술 형식이었는데, 보는 이의 혼을 빼놓고 영원하고 변함없는 천국의 본질에 대한 인상을 심어주기 위해 진화한 것이었다.

이런 변화를 잘 보여주는 예가 초상화였다. 엘리자베스 시대 초상화 속 귀족은 허리에 손을 얹고 서 있는 모습의 약간 밋밋한 분위기였지만, 불과 몇십 년 후에 제작된 반 다이크의 초상화 속 찰스 1세는 말을 타고 달리고 있었다. 더욱이 광활한 경치와 날아다니는 천사들까지 넣어 움직임을 부여함으로써 새롭고 역동적인 시각화를 이루어냈다. 이런 변화는 건축에도 그대로 반영되어, 많은 귀족은 극적이고 웅장하고 인상적인 저택 양식을 창조하기 위한 영감을 얻고자 프랑스를 참조했다.

17세기 말에 바로크 양식으로 지은 블레넘 궁전(그림 3.5)과 캐슬 하워드(그림 3.4) 같은 저택들은 기념비적인 규모를 자랑했다. 정면에는 저택을 드나드는 중앙 계단 또는 곡선 계단이 있었고, 대륙의 양식만큼이나 중세 성에서 영감을 얻은 작은 첨탑들은 극적인 스카이라인을 만들어냈다. 영국의 바로크 시기는 짧게 막을 내렸으므로, 나머지 바로크 저택들은 채츠워스 하우스(그림 3.6)처럼 부분적으로만 그 양식으로 재건하거나 겉모습만 새단장했을 것이다. 어느 경우든 구조의 형태가 제한되어 있었기 때문이다.

그림 3.5 : 블레넘 궁전, 옥스퍼드셔주

이 으리으리한 바로크 양식의 중앙 본채는 주로 존 밴브러가 설계했다. 높은 창에는 중간홈대와 중간선대 대신 이제 창살이 있으며, 위층에 늘어선 창의 꼭대기는 아치형으로 만들었고, 지하층에는 둥근 창들을 나란히 넣었다. 거대한 벽기둥, 포티코의 복잡한 장식(입구에 늘어선 원주들로 떠받친 페디먼트) 등은 이 시기의 전형적인 특징이다.

그러나 바로크 양식은 정면의 디테일에서 빛을 발한다. 양쪽에 지나치리만큼 거대한 블록을 거느린 입구, 때때로 꼭대기에 둥근 아치를 올린 높은 창, 벽의 개구부 주변을 두른 육중한 장식, 지붕을 돌아가며 고전적인 항아리나 조각상(전보다 훨씬 낮아진 굴뚝을 가리는 역할을 했다)으로 장식한 석조 밸러스트레이드(balustrade, 장식 난간) 등은 인기 있는 요소들이었다.

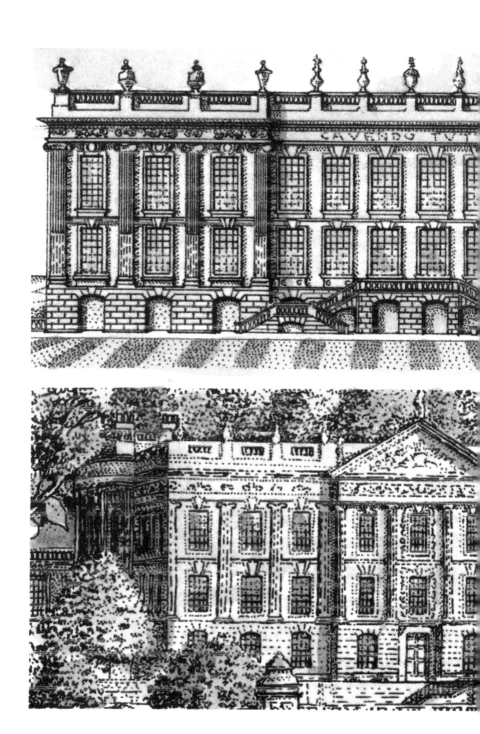

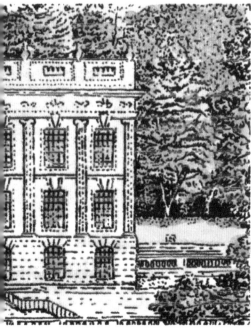

그림 3.6 : 채츠워스 하우스, 더비셔주

윌리엄 탤먼William Talman이 1687년 데번셔
공작을 위해 새로운 바로크 양식으로 설계
한 저택의 남쪽 정면(위). 도드라진 거대한
벽기둥과 벽난간에 올려진 꽃병 장식이 특
징이다. 중앙 페디먼트가 있는 서쪽 정면
(아래)을 새로 지을 때쯤엔 공작과 탤먼의
사이가 틀어진 후였으므로, 공작이 직접
석공들의 도움을 받아 지었을 것이다. 가
문의 문장이 새겨진 페디먼트는 이 시기에
흔했던 특징이다(완공은 1702년).

저택 배치 : 17세기 중반에서 18세기 초반

왕정복고 이후 컨트리 하우스의 배치에서 일어난 주요 변화는 더블 파일{4} 평면의 채택이었다. 방이 두 줄로 늘어선 평면이 등장한 것이다. 이 시기가 막을 내릴 무렵에는 지하실을 만드는 것도 보편적인 일이 되었다. 이제 젠트리 계급과 하인들의 사회적 격차는 더욱 커졌으므로, 공간을 이렇게 구분하여 저택의 기관실 역할을 하는 곳을 보이지 않는 곳에 두면 편리하고, 냄새와 소음이 줄어드는 장점도 있었다. 한편 주방의 화재 위험을 줄이기 위해 지하실에는 돌이나 벽돌로 볼트(vault, 궁륭) 천장을 올렸다.

이런 살림 공간에는 어느 정도 빛이 필요했기 때문에 일련의 낮은 창을 달아야 했는데, 이는 지하실의 방들을 완전히 땅 밑으로 만들 수 없다는 얘기였다. 결국 저택의 1층은 지면에서 올려지게 되었고, 따라서 입구는 이제 외부 계단을 통해 올라가게 되어 있어 방문객에게는 더욱 깊은 인상을 줄 수 있다는 바람직한 효과가 있었다. 저택 꼭대기의 다락층은 네덜란드풍 저택에서는 표준이었다. 거대한 경사 지붕면의 타일들 밖으로 쐐기꼴로 튀어나온 일련의 작은 창인 지붕창들은 다락층의 방들을 밝게 해주었다.

4개 층에 걸쳐 방들을 배치하게 되자 저택의 실제 평면도는 더욱 조밀해질 수 있었다. 17세기를 거치면서 방 배치도 달라졌다. 그러나 콜스힐 같은 저택들에는 여전히 2층에 의전용 큰 방들이 있었다. 이런 방은 더욱 화려해진 계단으로 올라가게 되어 있었고, 때로는 홀 자체

{4} 1파일은 방들이 나란히 늘어선 1열을 뜻한다. 싱글 파일single-pile은 방들이 한 줄로 늘어서 있고, 더블 파일 double-pile은 방들이 두 줄로 늘어서 있는데, 중간에 복도가 있을 수 있다. – 옮긴이

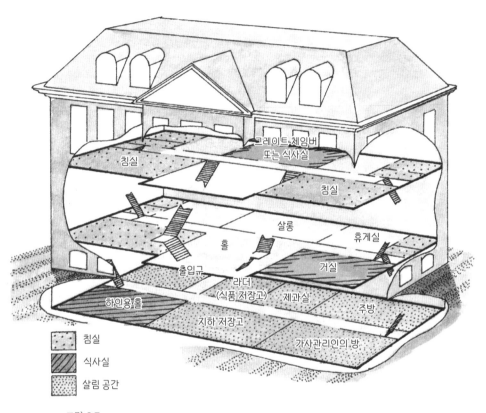

침실

그레이트 체임버
또는 식사실

침실

살롱

휴게실

홀

거실

출입구

라더
(식품 저장고)

제과실

주방

하인용 홀

지하 저장고

가사관리인의 방

침실

식사실

살림 공간

그림 3.7

왕정복고 시대 가상의 저택 단면도. 의전용 큰 방들이 여전히 2층에 있고, 가족의
방들은 1층에, 살림 공간은 지하에 있다.

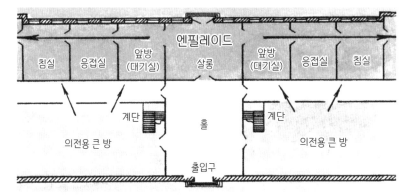

그림 3.8

엔필레이드(병렬 배치)의 예. 이 바로크 양식 저택에서는 주요 방들이 1층에 있기 때문에 홀 안의 거대한 계단이 더는 필요하지 않았음을 주목하자. 신중하게 배치된 계단을 올라가면 가족의 사적인 방들로 이어진다.

에 이런 계단을 놓음으로써 홀은 오늘날과 같은 접견실로 강등되었다. 이제 계단에서 각각의 방으로 들어가는 것은 복도를 통하면 되었으므로 예전처럼 여러 개의 방을 통과하지 않아도 되었다. 저택 전체를 가로지르는 척추와 같은 복도의 앞뒤로 일련의 방들이 있는 배치가 흔해졌는데, 이는 외부의 대칭성을 그대로 반영하고 있었다.

후기 바로크 양식 저택에서는 의전용 큰 방들이 보통 1층에 있었으므로, 홀에서 올라가는 웅장한 계단은 더 이상 필요없었다. 대신에 손님들은 홀을 통과해 뒤에 있는 살롱으로 바로 걸어갔고, 거기서 오른쪽이나 왼쪽으로 돌아 호화로운 휴게실이나 침실로 들어갈 수 있었다. 이런 방들을 뒤쪽에 차례로 배치하고 출입구를 일렬로 내는 것이 유행하게 되었는데, 이런 병렬 배치를 엔필레이드enfilade라고 부른다. 행렬과 의식으로 대표되던 이 시기에 엔필레이드의 길이는 지위의 상징과 같았다. 바로크 양식의 더 큰 대저택들은 중앙 본채의 옆쪽이나 입구 양쪽에 별도의 안뜰을 두어 건물의 기념비적인 규모를 강조했다. 보통 한 쪽 뜰에는 화재의 위험과 냄새, 소음을 줄이기 위해 식사실과 분리된 주방을 비롯한 살림 공간을 두었고, 다른 쪽 뜰에는 마구간과 마차 보관소를 두었다.

외부 디테일 : 17세기 중반에서 18세기 초반

그림 3.9

사각형의 문과 창문 위에는 원호가 반원보다 작은 아치인 결원아치segmental arch를 올리거나(왼쪽), 소용돌이 장식 브래킷 위에 삼각형 페디먼트를 얹어 장식했다. 이런 디테일은 정면에 나란히 사용하거나 지붕의 지붕창 위에 사용하기도 했다. 바로크 양식 저택의 문간은 더욱 웅장한 느낌을 주는데, 이 경우에는 페디먼트에 커다란 이맛돌을 넣어 무게감을 더했다. 양쪽 기둥에 보이는 수평의 홈들은 러스티케이션 rustication이라는 장식 스타일로, 건축가 존 밴브러가 즐겨 사용했던 장식이다.

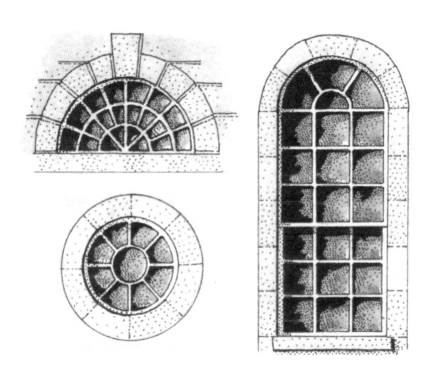

그림 3.10

바로크 양식 저택에 사용된 아치 창과 둥근 창.

그림 3.11

1680년대부터 등장하기 시작한 내리닫이창은 빠르게 인기를 끌었다. 나
중에는 창문 양식이 자주 바뀌었기 때문에 창문만 보고 컨트리 하우스의
연대를 판단하는 것은 위험하다. 그러나 일반적으로 내리닫이창은 오래
된 것일수록 창살과 창틀이 더 두껍고, 창살 사이 각각의 작은 창의 개수
가 더 많다.

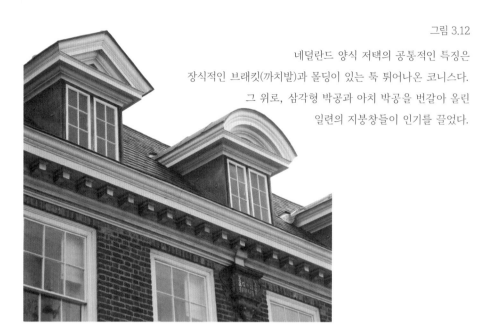

그림 3.12

네덜란드 양식 저택의 공통적인 특징은
장식적인 브래킷(까치발)과 몰딩이 있는 툭 튀어나온 코니스다.
그 위로, 삼각형 박공과 아치 박공을 번갈아 올린
일련의 지붕창들이 인기를 끌었다.

그림 3.13

바로크 양식 저택 꼭대기에 올린 벽난간의 일부. 지붕과 굴뚝을 가려주는 역할을
했다. 벽난간 꼭대기에 세운 꽃병 장식이나 조각상들은 그 저택에 독특한 스카이라
인을 부여했다.

그림 3.14

고전적인 소용돌이 모양과 꽃이나 과일 모양 등을 늘어뜨린 장식은 17세기 말과 18세기 초에 인기를 끌며 실내외에 두루 쓰였다.

그림 3.15

지붕 위의 중심적인 특징으로 세워진 석조 쿠폴라는 주인과 손님들에게 주변의 넓은 정원을 내려다볼 수 있는 조망을 제공했다. 보통은 돔 형태였던 쿠폴라에는 평평한 지붕의 가장자리를 에두른 밸러스트레이드가 같이 있기도 했다. 쿠폴라는 17세기 후반에 큰 인기를 끌었으나 나중에 저택이 개조될 때 밸러스트레이드와 함께 많이 철거되었다.

그림 3.16 : 1700년 무렵의 홀 상상도

건물들을 마구잡이로 모아놓은 것 같던 중세의 저택은 지난 세기 동안 완전히 철거되고 대칭적인 네덜란드풍 저택이 새로 들어섰다. 낡은 예배당과, 그 예배당과 교회 사이의 담장만 그대로 남아 있다. 오른쪽으로는 예전에 밭이었던 곳까지 부지가 확장되어 아치형 입구가 있는 마구간 안뜰이 새로 만들어졌다. 저택 뒤의 정원은 테라스식으로 꾸며졌고, 장원 영주가 사회적으로나 물리적으로 마을과 거리를 두기 시

Exemplar Hall c.1700

작하면서 영지의 주요 농장이 나무와 조경으로 가려졌다. 그러나 이 화려한 건물 양식도 한 세대가 채 지나기도 전에 이미 시대에 뒤처지고 부적절해 보일 것이며, 그 자리에는 새롭고 엄격한 고전주의 양식의 저택이 어마어마한 규모로 들어서면서 주변의 지역 사회와 풍경에 대변동을 일으킬 것이다.

그림 4.1 : 라임 파크, 체셔주

튜더 양식이던 대저택의 남쪽 정면을 1720년대 자코모 레오니Giacom Leoni가 새로운
팔라디오 양식으로 설계했다. 아래쪽 벽은 러스티케이션 쌓기를 했으며, 2층의 높
은 창이 피아노 노빌레(주요 층)에 있는 중요한 방들을 비춰준다. 중앙 포티코(기둥
현관)에는 장식이 없는 삼각형 페디먼트를 덮었다. 그러나 여기서 보이는 벽기둥은
바로크 양식 저택에서도 볼 수 있다.

4장

자유와 감성이 흘러넘치다

조지 시대 저택들
: 1720 ~ 1800 :

국왕 제임스 2세의 폐위를 지지하고 그 뒤에 일어난 1688년의 명예혁명을 환영했던 사람들이 권력을 잡았다. 1715년에 조지 1세가 왕좌에 오른 다음, 그들은 고위 공직자 가운데 상당수를 차지했던 오랜 토지 귀족인 젠트리가 설 자리를 없애버렸다. 이 새로운 집권자들이 바로 휘그당이었다. 휘그당은 18세기에 발전해가던 정치 지형도를 지배하게 되는데, 조지 3세가 즉위하기까지 토리당을 공직에서 배제해버렸다. 이 시기의 문화를 이끌었던 이들은 하노버 왕가 출신의 은둔형 군주들이 아니라 바로 이들, 고위 공직을 차지한 귀족들이었다.

휘그당은 초대 총리직을 맡은 로버트 월폴Robert Walpole을 필두로, 상업과 투자의 옹호자임을 천명하고 폭압적 통치에 반대하며 자유를 위해 싸웠다. 이들은 자신들이 그저 시골 신사라기보다는 로마 제국의 원로원이라고 상상하면서 토가를 입고 올리브 관까지 썼다. 또한 아들들을 이탈리아 순회 여행에 보내어 젊은 세대가 고대 로마의 경이로운 문명을 흡수하고 그곳의 문명을 한가득 싣고 오게 했다. 그런 배경에는 이들 가문의 컨트리 하우스가 한창 확장되고 있었다는 이유도 일부 있었다.

결국 18세기의 귀족은 호기심을 일으키는 진기한 물품 수집가에서 예술품 감식가로까지 발전했고, 각종 무기를 전시하기보다는 책과 인쇄물 수집에 열을 올렸다. 이들은 고대의 건축이나 고고학을 탐구하는 협회에 가입하기도 했으며, 자연에서 발견되는 아름다움과 드라마를 기꺼이 감상하고 느끼고자 했다. 다시 말해, 감수성 풍부한 사람이 받아들여지는 풍토가 된 것이었다.

이런 생활방식은 값싸게 얻어지는 것이 아니었다. 이들 신사는 발전하는 과학과 산업, 농업을 어느 정도 이해하고 있었고, 그런 덕분에 자신의 수입을 더욱 늘릴 수 있었다. 많은 이들에게 주요 재정 자원이던 시골 영지의 수익은 특히나 크게 늘었다. 바야흐로 개량과 개선의 시대였으며, 그들이 소유한 들판에 두른 울타리는 그 유행이 만든 가장 논쟁적인 산물 중 하나이자 지금도 볼 수 있는 표지가 되었다. 그들이 저택을 새로 짓고 옛 저택을 확장할 수 있었던 것은 그들이 가진 부와 지위가 더욱 높아졌기 때문이었다. 그러나 옛 토리당의 대지주들과 억압받는 가톨릭 가문들은 공직 보유에 따라오는 수입을 잃어버렸으므로, 튜더 시대와 제임스 1세 시대의 낡고 답답한 건물에 만족해야 했다.

1763년에 7년 전쟁이 프랑스의 패배로 끝나자 18세기 후반의 런던은 이제 주요 금융 중심지가 되었고, 상업적 이득을 얻을 기회가 많아졌다. 귀족 집안의 아들들은 대양으로 모험을 떠나거나 외국에서 직책을 맡았고, 채석장과 광산을 개발하거나 공장이나 무역 회사를 세웠으며, 큰 부를 안고 돌아옴으로써 가문의 영지를 더욱 개선했다. 그러나 이와 같은 급속한 발전은 프랑스 대혁명(1789~1799)과 그 이후의 나폴레옹 전쟁(1803~1815)으로 중단되었고, 귀족 가문과 지배 계급은 처음으로 자신들의 위치에 불안을 느꼈다. 그리고 갑자기, 프랑스 하면 떠오르는 자유와 감성에 불편함을 느끼게 되었다.

저택 양식 : 18세기

이 시대에는 고전주의 건축 양식이 대세였으며, 그 후기에 이르면 아마추어 건축가보다 전문 건축가들이 현장을 능란하게 지휘하게 되었다. 18세기 말까지는 다른 양식으로 지은 저택이 거의 없을 정도였고, 고대인들이 중시하던 비례의 법칙과 건축적 질서는 심지어 테라스 하우스(집합주택)에도 스며들었다. 조지 시대의 세련된 귀족에게는 훌륭한 취향이 다른 무엇보다 중요했으며, 이는 고전주의 규칙과 질서를 엄격하게 따른 그들의 컨트리 하우스에 고스란히 반영되었다. 이 시기의 후기에 가서야 이전의 바로크 건축가들이 그랬던 것처럼 규칙을 비트는 것이 다시금 받아들여지게 되었다.

그림 4.2 : 치즈윅 하우스, 런던

이 놀라운 저택은 3대 벌링턴 백작이 1723~1729년에 설계한 것이다. 그는 팔라디
오 건축과 이니고 존스가 해석한 후기 팔라디오 건축을 장려했다. 이 그림에는 보
이지 않지만, 계단 밑에는 두 사람의 조각상이 있다. 이 저택은 방들이 정사각형으
로 대칭을 이루도록 배치되었는데, 그런 평면은 미적인 즐거움을 주지만 실용성이
떨어진다.

팔라디오 양식

조지 1세의 통치가 시작되고 몇 년 사이에, 매우 새로운 저택 양식
이 전국적으로 등장하기 시작했다. 주로 새로 권력을 잡은 휘그당 귀
족들이 채택했기 때문에, 이후 이 양식은 그들과 관련지어졌다. 이 양
식을 옹호한 두 명의 남자는 콜린 캠벨Colen Campbell과 3대 벌링턴 백작
인 리처드 보일Richard Boyle이었다. 이들은 바로크 저택의 지나친 화려
함을 없애고 로마의 비트루비우스와 후대의 르네상스 건축가들이 했

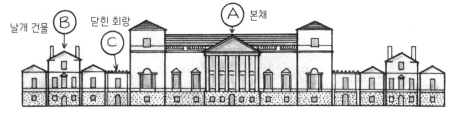

그림 4.3 : 홀컴 홀, 노퍽주

바로크 양식은 블록과 곡선을 점점 쌓아가며 중앙에서 최고조를 이루는 반면, 대형 팔라디오 양식 저택은 별개의 부분들이 대칭을 이루도록 구성되어 있다. 커다란 포티코가 가운데에 있고 타워가 양쪽 끝에 있는 본채(A)는 거의 100년 전에 이니고 존스가 설계했던 윌트셔주의 윌턴 하우스와 비슷하다. 양쪽 끝의 날개 건물(B)은 본채와 이어져 있는데, 이 경우는 닫힌 회랑(C)으로 연결되어 있다.

던 것과 같은 순수한 고전주의 건축으로 돌아가고자 했다. 이들은 이니고 존스의 드로잉과 작품을 재발견하도록 도왔으며, 16세기 말 이탈리아 건축가인 안드레아스 팔라디오^Andreas Palladio가 설계했던 평면을 옹호했다. 이 새로운 양식은 그의 이름을 따서 '팔라디오 양식'으로 불렸다.

　팔라디오 양식으로 지어져 영향력을 미친 최초의 건물은 콜린 캠벨이 설계한 런던의 원스테드 하우스였다. 이 저택에는 특징적인 팔라디오 양식 정면이 도입되어 2층, 즉 피아노 노빌레^piano nobile 밑의 기단은 러스티케이션 쌓기(깊은 홈을 내거나 표면을 거칠게 다듬는 방식의 벽돌쌓기)가 되어 있었다. 피아노 노빌레란 의전용 큰 방들이 있는 주요 층으로, 일련의 작은 창들 밑으로 높은 직사각형 창들이 길게 늘어서 있어서 한눈에 알아볼 수 있었다. 그리고 낮은 경사의 지붕이 장식적인 코니스 밖으로 돌출되어 있거나 벽 꼭대기를 마감하는 장식 없는 벽난간으로 가려져

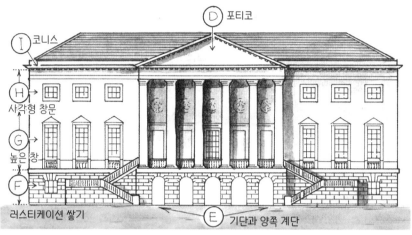

그림 4.4 : 케들스턴 홀, 더비셔주

이 건물 본채의 북쪽 정면은 팔라디오 양식의 뚜렷한 특징이 잘 나타나 있다. 눈에 띄는 포티코(D)와 그 아래 여러 개의 아치가 있는 기단과 양쪽 계단(E), 기단의 러스티케이션 쌓기(F), 그리고 피아노 노빌레를 나타내는 2층의 높은 창(G) 등이 그것이다. 그 위층의 방들은 나란히 늘어선 사각형 창문(H)으로 구분되며, 상단은 코니스(I)로 마감되었는데, 그것이 없었다면 밋밋했을 정면에서 볼 수 있는 몇 안 되는 장식적 요소 중 하나다.

있었다. 그런 한편, 이제 거의 집집마다 있어서 별볼일없는 지위로 전락한 굴뚝은 낮아서 제대로 보이지도 않았다.

　　가장 중요한 것은 포티코였다. 커다란 삼각형 페디먼트를 원주들로 떠받쳐 거대한 비막이 현관 역할도 하는 이 기둥 현관은 저택의 주출입구임을 나타내주었고, 지면에서 웅장한 계단을 통해 올라가게 되어 있었다. 바로크 저택에서 보이던 굽이치고 흐르는 곡선들은 사라졌다. 단순하고 세련된 수평 블록, 중심 부분이 신전을 닮은 건축은 이제 세련된 신사들이 따라야 할 시대의 질서였다. 이 양식의 아름다

움은 비례 법칙을 엄격하게 지키고, 코니스와 원주 꼭대기의 부조만으로 장식을 제한하는 데 있었다.

팔라디오 양식은 그 밖에도 인기를 누렸던 다른 설계도 발전시켰다. 한쪽 면이나 4개의 면 모두에 포티코가 있는 사각형 평면, 치즈윅 하우스에 사용된 것과 같은 중앙 돔이 그것이다(그림 4.2 참조). 그뿐 아니라 직사각형의 중심 블록 양쪽으로 콜로네이드나 회랑으로 개별 날개 건물과 연결되는 형태도 그의 작품인데, 이는 더비셔주의 케들스턴 홀 등의 건물에 영감을 주었다.

신고전주의 양식 저택

18세기 중반에 등장한 신세대 건축가들은 팔라디오의 원칙을 엄격하게 고수하는 것이 지나치게 제한적이라고 생각했다. 더 많은 상상력을 발휘해 보다 창의적이고 싶었던 그들은 영감을 찾아 역사의 다른 시기를 뒤지기 시작했다. 이 무렵 새롭게 이루어진 고고학적 발견은 이런 경향을 부채질했다. 이때까지의 저택들은 로마 시대 저택의 생김새에 대한 르네상스식 해석이나 단순한 추측에 의존했을 뿐이었다. 예를 들어 팔라디오는 로마 시대에는 저택마다 정면에 포티코가 있었다고 생각했고, 따라서 캠벨을 비롯한 그의 추종자들은 역사적 정확성을 추구하면서 모든 건물에 포티코를 붙이곤 했다.

그러나 이 건축가들과 그 후원자들의 지원으로 설립되었던 여러 협회가 폼페이 같은 곳에서 발굴 작업을 벌인 결과, 로마 시대 저택의 정면에는 포티코가 없었다는 것이 밝혀졌다. 그러자 팔라디오의 작품을 건너뛰고 새로 발굴된 고고학 현장으로 곧장 달려가서 영감을 얻

그림 4.5 : 케들스턴 홀, 더비셔주

이 건물의 남쪽 정면은 북쪽 정면을 만들고 난 몇 년 후 로버트 애덤이 신고전주의 양식으로 마무리했다. 양옆은 이전의 양식을 반영하고 있지만, 중앙부는 팔라디오 양식이 아니라 실제 로마의 개선문을 바탕으로 설계한 것이다. 이 부분은 애덤 특유의 얇고 섬세한 장식 디테일이 돋보인다.

으려는 신세대 건축가들이 점점 늘어났다.

　　이와 동시에 니컬러스 리벳Nicholas Revett과 제임스 스튜어트James Stuart는 아테네의 고대 그리스 건축물을 처음으로 정확하게 묘사한 드로잉을 제작했다. 비록 이런 그리스식 형태의 범위가 한정되어 있어 더 많은 다양성을 갈망하던 건축가들의 마음을 당장에 사로잡지는 못했지만, 두 사람은 점점 커져만 가는 건축 팔레트에 그리스식 오더와 디테일을 추가해나갔다. 이렇듯 새로 발견된 그리스와 로마 건축 형태를 채택한 1760년대부터의 컨트리 하우스들은 신고전주의 양식으로 분류된다.

　　신고전주의 저택이 예전의 팔라디오 양식 저택과 달랐던 또 하나의 특징은 고대 건축을 좀 더 장난스럽게 적용하던 방식으로 돌아갔다는 점이다. 이 시기에 가장 많은 컨트리 하우스를 설계했던 건축가 로버트 애덤Robert Adam은 로마인들 스스로가 규칙을 비틀었다고 믿었다. 그는 비록 건물의 기능을 감추기 위한 바로크 양식의 화려한 장식을 경멸했지만, 자신이 설계한 건물 정면에 역동성과 공간감을 더하기 시작했다. 눈여겨볼 만한 특징은 곡선으로 된 돌출창, 낮은 돔 지붕, 정면에 자랑스럽게 서 있는 원주들, 아치를 올린 얕고 우묵한 공간 등이다.

신고전주의 양식으로 새로 짓는 저택에서 석재는 필수 재료였고 (종종 얇은 외장재로 사용되었다) 석재를 쓸 수 없을 때는 팔라디오 양식 저택에서 여전히 허용되던 벽돌을 쌓고, 매끄러운 회반죽 마감인 스투코를 그 위에 덮은 뒤 홈을 내고 착색하여 석재처럼 보이게 했다.

저택 배치 : 18세기

18세기 귀족들은 몇 안 되는 고관대작보다는 더욱 다양한 손님들에게 저택 문을 개방하고 수많은 파티를 주최했으므로 공간에 대한 요구도 갈수록 커졌다. 또한 유럽 대륙에서 가지고 돌아온 온갖 예술품도 보관해야 했고 수집한 서적들을 넣어둘 서재도 만들어야 했다. 아울러 먹을거리를 생산하고 음식을 준비하기 위한 더욱 전문적인 공간도 따로 마련해야 했다. 그러나 이렇게 다양한 방들이 더 많이 필요했음에도 고전적인 기둥들과 정면의 대칭성 때문에 그 크기와 배치는 제한될 수밖에 없었고, 비례를 정확하게 맞추려는 욕망 때문에 내부

그림 4.6 : 셔그버러 홀, 스태퍼드셔주

정면은 신고전주의 양식으로 되어 있지만 이전의 두 양식에 대한 증거를 엿볼 수 있다. 3층으로 된 본채는 1690년대에 지어졌고, 약 50년 후에 팔라디오 양식으로 양쪽 날개 건물이 덧붙여졌다. 1790년대에 새뮤얼 와이엇Samuel Wyatt이 이 정면을 재설계하면서 평평한 지붕을 올린 거대한 포티코를 덧붙였고, 정면을 돌아가며 같은 높이의 밸러스트레이드를 추가했다. 이 장식 난간은 고전주의 저택의 핵심 요소인 수평선을 강조하면서, 정면을 구성하고 있는 다양한 요소를 하나로 묶어주었다.

그림 4.7 : 태턴 파크, 체셔주

이 저택은 1780~1813년에 새뮤얼과 루이스 와이엇이 신고전주의 양식으로 재건한 것이다. 바깥 창문 위의 얕고 우묵한 아치와 가운데 보이는 장식 천 모티프, 그리고 주변 장식이 없는 창 등은 이 시기 저택에 보이는 전형적인 특징이다.

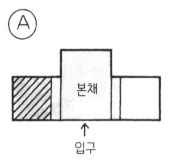

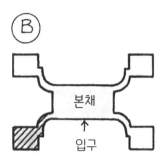

저택 정면과 함께 두 날개 건물이
일직선으로 늘어서 있다.

4개 별채가 연결된 형태로, 더 큰
저택에서 인기를 끌었던 평면이다.

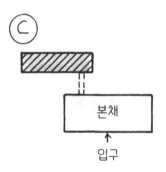

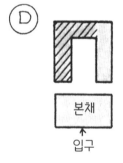

살림 공간이 별도의 건물에 따로
있어 통로나 심지어 터널로 연결
되기도 했다.

보다 작은 컨트리 하우스의 예로,
저택의 북쪽에 안뜰을 배치해서
나머지 3개 면에는 햇빛이 비치지
만 작업 구역은 서늘하게 했다.

그림 4.8

18세기 컨트리 하우스의 4가지 평면도. 빗금 친 부분은 살림 공간이 들어설 수
있는 위치를 보여준다.

공간 역시 통제되었다.

대형 저택의 경우, 중앙 본채에는 1층의 바닥을 높여 주요 방들을 배치하고 본채 양쪽에 별채를 만들 수 있었다. 별채는 회랑 또는 개방된 콜로네이드 통로(기둥이 늘어선 통로)로 연결했으며, 한쪽 별채에는 더 많은 숙소를 넣고, 나머지 한쪽 별채는 살림 공간으로 썼다. 이런 인상적인 설계는 주방에서 나는 냄새와 소음을 멀리할 수 있다는 장점이 있었지만, 본채에서 식사하는 사람들은 차갑게 식어버린 음식을 받게 되는 경우가 많았을 것이다. 그러나 중간 크기나 작은 크기의 컨트리하우스 대부분은 여전히 직사각형 블록으로 지어졌다.

일부 저택은 살림 공간을 지하에 두는 17세기 관습을 보유하고 있었던 반면, 이런 공간이 들어설 여러 건물을 저택의 한쪽에 따로 만들거나, 저택 뒤쪽에 안뜰을 중심으로 배치하기도 했다. 이런 건물들은 식사실과의 거리가 조금 더 가까운 경향이 많았으므로 음식이 식탁에 도착할 때쯤에도 어느 정도 따뜻했을 것이다. 그러나 한쪽에서 자라나는 달갑지 않은 부스럼 같은 이런 건물은 신중한 조경과 식물들로 위장해야 했다! 런던의 치즈윅 하우스와 켄트주의 메리워스 캐슬처럼 평면이 정사각형일 때는 공간 배치에 융통성을 발휘할 수 없었고, 특히나 그 저택이 사방에서 보인다면 살림 공간을 수용하는 데 어려움이 있었다. 그래서 정사각형 평면은 별로 인기가 없었다.

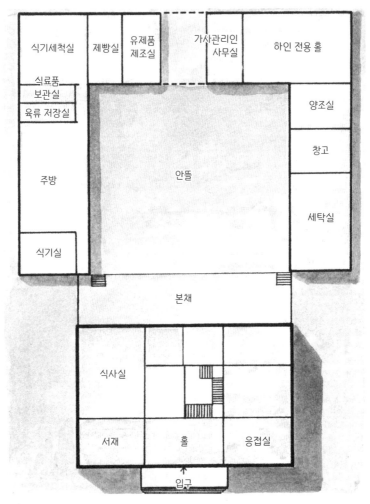

그림 4.9

조지 시대 말기의 작은 컨트리 하우스 평면도. 별도의 안뜰에 살림 공간이 자리
잡고 있다. 이 살림 공간은 저택에서 오래된 부분을 종종 포함하고 있거나 본채
의 예전 정면을 가리는 역할을 한다.

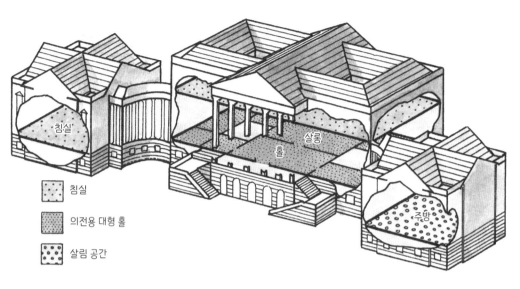

침실'

살롱

홀

주방

침실

의전용 대형 홀

살림 공간

그림 4.10

팔라디오 양식 저택의 단면도. 홀은 그 뒤에 있는 살롱과 함께 저택의 중심축을 이루며, 그 양쪽으로 가능한 한 가깝게, 방들이 대칭적으로 배열되어 있다. 이 의전용 대형 홀의 위층으로 여러 개의 침실이 있지만, 더 많은 가족 성원이나 손님용 방은 양쪽 별관 중 한 곳에 있기도 했다. 주방은 화재의 위험과 냄새를 줄이기 위해 다른 쪽 별관에 위치해 있다. 반면에 지하 저장고나 식기실 같은 일부 살림 공간은 본채의 지하실에 남아 있는 경우가 많았다.

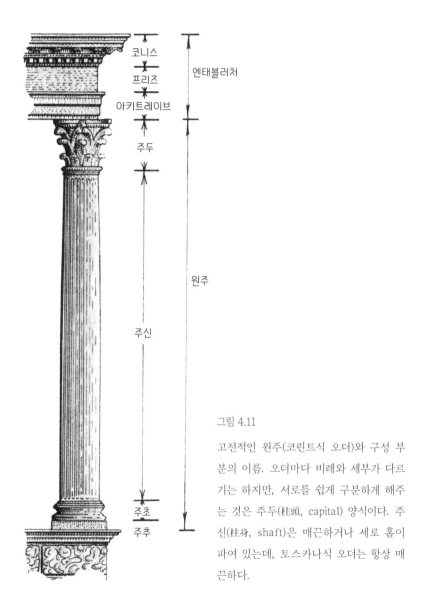

코니스

프리즈

아키트레이브

엔태블러처

주두

원주

주신

주초

주추

그림 4.11

고전적인 원주(코린트식 오더)와 구성 부분의 이름. 오더마다 비례와 세부가 다르기는 하지만, 서로를 쉽게 구분하게 해주는 것은 주두(柱頭, capital) 양식이다. 주신(柱身, shaft)은 매끈하거나 세로 홈이 파여 있는데, 토스카나식 오더는 항상 매끈하다.

그림 4.12

① 코린트식 오더. 그리스인들이 처음 사용했지만 로마인들에게 더 인기가 높았고, 그래서 영국에서는 16세기부터 등장한다.

②, ③ 그리스 시대의 이오니아식 오더(왼쪽)와 로마 시대의 이오니아식 오더(오른쪽). 소용돌이 무늬가 들어갔으며, 역시 16세기부터 영국에 나타나기 시작한다. 콤포지트 오더는 코린트식과 이오니아식을 통합한 것이다.

④, ⑤ 그리스의 도리스식 오더(왼쪽)는 세로 홈이 파인 원주 바로 위쪽의 받침 부분이 얕은 사발 모양이다. 로마의 도리스식 오더(오른쪽)는 매끈한 고리가 있고 토스카나식 오더와 비슷하다.

이런 오더들이 18세기 중반부터 기록되면서 신고전주의 양식 저택의 뚜렷한 특징이 되었다.

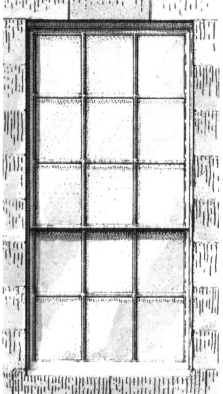

그림 4.13

내리닫이창은 18세기 저택에서 거의 보편적인 특징이었다. 이 기간에 창살은 더욱 가늘어지고 유리판은 더욱 커졌으며 외부 프레임은 안쪽으로 우묵하게 들어갔다. 18세기 말에 이르면 이 외부 프레임은 벽 뒤로 가려지게 되었다.

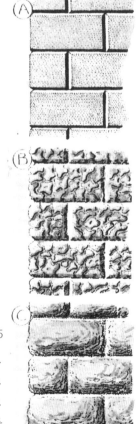

그림 4.15
러스티케이션 쌓기의 여러 가지 방식.
(A) 'V'자 홈이 생기게 모서리를 깎아 매끈하게 다듬었다.
(B) 구불구불하게 파서 벌레 먹은 자국을 만들었다.
(C) 사이클로피언 방식. 저택을 짓는 현장에 있던 바위를 잘라낸 듯한 거친 마감을 그대로 두었다.

그림 4.14

고전적이면서 아담한 팔라디오 양식 저택(채츠워스 사유지 소재). 박공이 뚜렷한
날개 건물과 주요 층 위에 나란히 늘어선 내리닫이창이 특징이다. 양쪽 날개 건물
1층에 베네치아식 창이 보인다. 높은 가운데 아치창이 그보다 낮은 직사각형 창을
양옆에 거느린 베네치아식 창은 팔라디오 양식과 신고전주의 양식 저택에서 매우
인기가 있었다.

그림 4.16

로버트 애덤은 저택 외부부터 내부 장식 디테일까지 집 전체를 실제로 설계했던 최초의 건축가로 주목할 만하다. 덕분에 오늘날까지도 그의 이름이 붙은 독특한 스타일이 만들어졌다. 그가 설계한 외부는 늘어뜨린 장식 천 모양, 타원형 특징, 둥근 메달리언 medallion, 그리스식 장식 등으로 알아볼 수 있는데, 대부분 얇고 섬세한 몰딩이 함께 사용되었다.

그림 4.17

18세기 중반부터 지어진 많은 컨트리 하우스는 이 예에서처럼 석재를 덧입히는 식으로 약간의 속임수를 썼다. 이처럼 석재를 덧입히면 옛날에 쓰인 벽돌이나 스투코(회반죽의 일종)가 가려지면서 더 최근에 지은 저택처럼 보이는 효과가 있었다.

그림 4.18 : 스토 하우스 별채, 버킹엄셔주

1771년 로버트 애덤이 설계한 이 별채는 여러 개의 창을 덮거나 심지어 정면 전체를 덮을 수 있는 얕은 아치, 장식적인 꽃줄, 그리고 18세기 말과 19세기 초 저택들에서 나타났던 둥근 메달리언 등이 특징이다.

그림 4.19

장식 꽃줄이 새겨진 패널. 이 경우는 참나무 잎 꽃줄인데, 나비 모양 리본으로 묶여 있고 신고전주의 모티프로 흔히 쓰였던 장식 천이 드리워져 있다.

그림 4.20 : 1800년대의 홀 상상도

이 시기 홀의 주인들은 본채 외관을 고전주의식으로 단장하는 것 외에는 거의 변화를 주지 않아서, 정면에 포티코를 세우고 숙소를 추가로 만들기 위해 오른쪽에 새 날개 건물을 지었을 뿐이다. 그러나 주변 환경에는 극적인 변화가 일어났다. 새로운 조경 정원을 만들기 위해 옛 마을은 완전히 철거되었고, 그림 같은 호수를 만들기 위해 강을 범람시켰다. 가족 추모관이 있는 낡은 교구 교회만은 철거를 피한 대신 고전주의 양식으로 재건되었다.

이렇듯 열띤 건설과 조경의 시대는 18세기의 마지막 몇십 년 사이에 서서히 기울기 시작했다. 처음에는 미국과, 그다음은 프랑스와의 전쟁 때문이었다. 다시금 안정이 찾아왔을 때는 상업과 공업을 통해 부를 쌓은 새로운 신사들이 귀족의 반열에 오르고 있었다. 한편 적절한 영국식 스타일에 대한 탐구열과 확장하는 제국 곳곳에서 들어온 영향이 결합되면서, 컨트리 하우스는 그 최후이자 가장 영광스러운 발전의 시기를 맞아 다시 한 번 모습을 바꾸기 시작했다.

그림 5.1 : 케이프손 홀, 체셔주

벽돌로 된 외관과 정사각형 타워에 씌운 총화 지붕, 네덜란드식 박공, 중간선대가 있
는 창 때문에 얼핏 보면 제임스 1세 시대의 저택처럼 보인다. 그러나 사실은 1719년
에 지어진 저택을 에드워드 블로어Edward Blore가 1837년에 가짜 제임스 1세 양식으
로 재건한 것이다. 이 빅토리아 시대의 모방작을 원래 양식과 구분하려면 벽돌 세공
이나 창문 같은 디테일을 자세히 들여다보는 수밖에 없다.

5장

제국의 영광과 산업 혁명

섭정 시대, 빅토리아와 에드워드 시대 저택들
: 1800 ~ 1914 :

프랑스 혁명과 뒤를 이어 벌어진 프랑스와의
전쟁은 변화의 시대가 도래했음을 알렸다. 영국
은 나폴레옹의 위협에 대응해 유럽과의 관계를 단
절했다. 맹렬한 애국주의가 팽배하게 되면서 이 시
기 수많은 컨트리 하우스는 성처럼 지어졌다. 계
몽사상과 감성의 자리는 확고한 상업적 현실주의
와 산업적 창의력으로 단숨에 대치되었고, 1830년
대가 되면 유서 깊은 지주 가문들까지도 이런 새
로운 흐름에 굴복했다.

그들은 이제 선조들의 욕구를 뒷받침해주었
던 토지 임대료에 덧붙여 광산, 제분소, 공장(이런 것
들은 종종 시골 영지에 지어졌다), 철도, 운하, 부두, 선박 운송,

그림 5.2 : 버킹엄 궁전, 런던

1825~1830년에 지어진, 애국주의가 팽배했던 섭정 시대의 위대한 기념비적 건축물 가운데 하나. 실제로는 조지 4세의 명으로 존 내시John Nash가 기존의 버킹엄 저택을 개축한 것이다. 조지 4세는 사치스럽기로 악명이 높았고 이 프로젝트에 낭비된 지출 때문에 건축가의 명성까지 타격을 입었다.

주식 및 지분 투자에서 얻은 이익과 도시 개발을 통한 임대료 등으로 더 많은 추가 수입을 올릴 수 있었다. 그러나 이렇게 많은 부를 쌓았음에도 자칫하면 그 많은 돈을 모두 잃기도 더욱 쉬워졌다. 딸의 결혼 지참금, 선거 운동 운영, 사냥터 유지, 도박(특히 경마), 사격 파티 참석, 그리고 이런 바쁜 사교 생활을 꾸리기 위해 점점 더 커져만 가는 저택을 건축하는 데 막대한 돈이 들어갔기 때문이다.

대부분의 지주 젠트리는 가족의 영지를 착실하게 지키면서 형제끼리 유산을 나누는 일을 피했지만, 돈이 궁해진 이들은 자신들에게 재정적인 도움을 줄 신사를 얼마든지 찾을 수 있었다. 귀족 사회에 진

그림 5.3 : 하이클리어 캐슬, 햄프셔주

TV 드라마 <다운튼 애비Downton Abbey>의 배경이 된 이 성은 1830년대 말에 찰스 배리Charles Barry가 설계했다. 이때는 그가 새로운 국회의사당(웨스트민스터 궁전) 설계를 마친 직후였는데, 고딕 양식에서 영감을 얻은 국회의사당과는 달리 하이클리어 캐슬은 16세기 말 르네상스 양식(그림 2.3 참조)의 영향이 엿보이며 이탈리아 풍 디테일과 띠 장식 세공으로 장식되어 있다.

출하려는 야망을 품은 신사들이 그런 재산을 덥석 사고 싶어 하거나, 기꺼이 그런 가문과 결혼해서 사회 최고의 반열에 오르기를 꿈꾸었던 것이다.

19세기 중반에 이르자 귀족의 이미지는 바뀌고 있었다. 19세기 전반기에 유럽을 휩쓸던 혁명을 지켜본 귀족들은 자신의 권력과 그에 따른 재산을 지키려면 더 많은 대중을 자신의 진영에 포섭해야 한다는 것을 깨달았던 것이다. 그들은 그 시대의 문화 지도자가 되었고, 특히 사립학교를 통해 야심만만한 중간 계급에게 자신들의 도덕률을 전수했다. 이상적인 신사라면 독실한 그리스도교인이자 선량한 지주여야 했고, 예술의 후원자, 건강과 교육 향상의 지지자일 수도 있었지만, 무엇보다 충실한 남편이자 가정적인 남자여야 했다.

그러나 실제로는 그들의 아버지가 부를 일구었던 산업과 상업에 흥미를 잃고 대신 공직에 진출한 귀족이 많았다. 그들은 즐겁게 시간을 보내고, 사냥과 사격을 하거나 담배를 피우고 당구를 치는 모습을 보이는 경우가 더 많았다. 고전적인 유물 수집도 더 이상 하지 않았다. 이들 19세기 신사들은 골동품 가구, 가족의 그림, 페르시아산 러그와 실내용 화초로 자기 방을 채우고 세계 곳곳에서 구해온 이국적인 나무들로 정원을 장식하곤 했다. 또한 새롭게 전국을 휩쓸던 역사 열풍에 빠지기도 했다.

그 무렵 혁신에 관한 글은 전보다 줄어든 반면에 과거, 특히 매우 종교적이고 도덕적으로 여겨지던 중세를 다룬 글이 더 많이 쓰이고 있었다. 국가적 정체성에 대한 탐색은 용감한 기사와 훌륭한 장인이 등장하는 고립주의적이고 신비로운 세계 속으로 녹아들었다. 아마도 이는 영국 민주주의의 기원에 대한 탐구라기보다는 기계에 대한 반감이자 새로운 것에 대한 두려움 때문이었을 것이다.

빅토리아 시대 사람들은 바로 그들의 가까이에서 유쾌한 옛 영국과, 다른 모든 나라가 부러워하는 하나의 제국을 발견했다. 이제 그들은 외국에 나가지 않고도 좋아하는 시기나 유행하는 나라의 건축물을 자신들의 컨트리 하우스로 옮겨왔다.

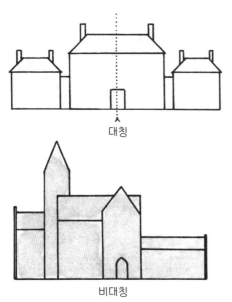

대칭

비대칭

그림 5.4

대칭적인 18세기 팔라디오 양식
저택(위)과 비대칭적인 빅토리아
고딕 양식 저택(아래).

저택 양식 : 19세기에서 20세기 초반

저택 주인이 이상한 변덕을 부린 경우를 제외하면, 이때까지 컨트리 하우스들은 저마다 시대적 분류에 제법 깔끔하게 들어맞게 지어졌다. 그러나 19세기에 접어들면서부터 건축가들은 더욱 광범위한 출처에서 디테일을 뽑아내더라도 용인될 수 있다는 것을 알았다. 일부 경우에는 몇몇 이국적이거나 역사적인 디테일에 불과했던 것이 빠르게 완전한 구조로 발전했다. 또한 고전주의 풍경화에서 영감을 받아 그림 같은 풍경의 가치를 인정하는 심미안도 커지고 있었다. 험준한 산을 배경으로 펼쳐진 호수와 폭포, 폐허가 된 건물 등이 있는 고풍스러운 장면은 18세기의 조경 정원과 장식용 건물을 위한 청사진이 되었다.

이제 몇몇 컨트리 하우스는 마치 그런 풍경화를 그대로 옮겨놓은

그림 5.5 : 네더 윈첸던 하우스, 버킹엄셔주

이 오래된 집은 섭정 시대 당시 최신 유행이던 고딕풍으로 새롭게 단장했는데, 목재 골조의 많은 부분을 석재로 마감하는 작업이 포함되었다. Y자형 창살이 있는 두껍고 뾰족한 아치창, 총안, 그리고 가까이 보이는 두 타워 사이의 발코니 등 시대적 특징에 주목하자.

것처럼 설계되고 있었다. 덕분에 건축가는 대칭과 비례라는 엄격한 규칙에서 자유로워졌고, 따라서 그림 같은 저택에 다양한 질감과 형태를 사용할 수 있었는데, 무엇보다 주목할 만한 것은 비대칭으로도 지을 수 있었다는 점이었다. 그런 저택은 또한 건축 양식과 부지 선택에 따라 연상되는 의미를 갖기도 했다. 예를 들어 바위 언덕 꼭대기에 지은 성은 권력, 힘, 견고함을 의미하면서 경외심을 불러일으키는데, 가까이서 본 건축적인 세부보다는 그런 분위기가 더 중시되었다. 이 시기에 컨트리 하우스에 영향을 미친 또 하나의 요소는 새로 등장한 재

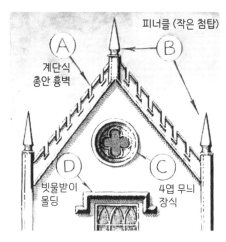

그림 5.6

섭정 시대의 고딕풍 박공. 독특한 스투코 마감, 계단식 총안 흉벽(A), 작은 첨탑인 피너클pinnacle(B), 4엽 무늬 장식(C), 창문 위의 빗물받이 몰딩(D) 등이 특징이다.

(이미지 내 라벨)
피너클 (작은 첨탑)
계단식 총안 흉벽
빗물받이 몰딩
4엽 무늬 장식

료와 기술이었다. 더욱 커진 창문용 판유리, 경사 지붕을 더욱 평평하게 올릴 수 있을 만큼 가벼워진 지붕 슬레이트, 기름과 가스, 나중에는 전기로 가능해진 조명 등이 등장했다. 건축과 공학이 혼합되기 시작하면서 벽돌이나 돌로 된 정면 뒤로 눈에 띄지 않게 철 기둥과 대들보를 설치하는 경우도 있었다.

1800년에서 1837년까지는 대충 섭정 시대라고 불린다(그러나 섭정공 조지 4세의 통치기는 부친이 자리를 비웠던 1811~1820년뿐이었다). 이 시기의 컨트리 하우스에서 주목할 만한 것은 영국 내의 폐허들, 새로 발견된 고대 이집트의 유물, 극동 지역과의 교역 증가 등에서 영감을 얻은 다양한 양식이 선택되었다는 점이다. 눈속임이나 모방도 허용되었는데, 가장 유명했던 방식은 벽돌벽을 스투코로 덮은 다음 표면을 갈고 색칠해 근사한 석조 건물처럼 보이게 하는 것이었다. 저택의 디테일도 더욱 섬세해졌다. 창문의 창살은 더욱 가늘어졌고, 발코니와 베란다에는 주철을 사용해 정교한 패턴을 넣었다.

고딕풍{5}은 중세 건물을 약간 엉뚱하게 해석한 양식이었다. 이 중세풍 양식은 호레이스 월폴(Horace Walpole, 초대 총리였던 로버트 월폴의 막내아들)의 저택인 트위크넘의 스트로베리 힐에 있던 기존 저택에 처음으로 적용되었다. 월폴은 1750년부터 이 저택을 새로 단장하면서 비대칭적 설계와 고딕식 디테일을 적용했는데, 이는 폐허가 된 수도원과 성의 낭만적인 분위기에 심취하던 세간의 관심을 반영한 것이었다. 1790년부터 몇몇 건축가들은 더욱 불규칙한 배치를 선보인 새로운 중세풍 컨트리 하우스를 만들었지만, 많은 경우 이 중세풍 고딕 양식은 기존 건물이나 새롭게 확장하는 건물에만 적용되었다. 찾아볼 만한 디테일로는 경사가 가파른 지붕과 박공, 뾰족한 아치가 있고 더러 'Y'자 모양 트레이서리가 있는 창, 개구부 위의 빗물받이 몰딩, 튜더 양식의 높은 굴뚝, 채색한 스투코 마감 등이 있다.

19세기 전반기에 인기를 끌었던 또 하나의 건축 형태는 성이었다. 성이 유행했던 것은 프랑스와의 전쟁으로 인한 애국심, 또는 아마도 그 이후 노동자와 농민의 불만이 불거지던 시기에 자신의 사회적 지위를 재천명하려는 주인의 욕망 때문이었을 것이다. 월터 스콧Walter Scott 부류의 낭만적인 이야기는 성의 설계에 영감을 주었고, 성이야말로 로마인들이 영국에 들여왔던 건축물의 직계 후손이라고 믿었던 로버트 애덤이 여기에 적합성을 부여했다. 따라서 성은 고대 세계와 대영제국을 연결해주는 고리였다.

{5} Gothick, 나중에 나타난 빅토리아 고딕 양식과 구분하기 위해서 끝에 'k'를 붙인다. 빅토리아 고딕 양식은 고딕 부흥 양식, 또는 신 고딕 양식으로 불리며 1840년대에 시작되어 1880년대까지 유행했다. ─옮긴이

그림 5.7 : 로더 캐슬, 컴브리아주

얼핏 보면 아주 그럴듯한 성 같지만, 다시 보면 하나의 저택이 모습을 드러낸다. 중앙 블록에 있는 높은 창, 그 위의 작은 정사각형 창, 그리고 건물 양쪽 끝에 있는 별채를 주목하면 팔라디오 양식 대저택과 같다. 중앙에 있는 타워들의 극적인 배치, 완벽한 대칭을 이루면서 규칙적으로 배치된 창문은 로버트 스머크Robert Smirke 가 1806~1811년에 이 건물을 지었음을 확인시켜준다. 원래 살던 가족은 1930년대에 이사가고 건물은 1957년에 외부 뼈대만 남기고 허물어졌지만, 현재 뼈대와 정원의 부분적인 복원 작업이 이루어지고 있다.

내전을 견디어낸 후 저택으로 사용되던 성들과 나란히 이제 새로운 성들이 세워졌다. 새로 세운 성들은 겉보기에는 중세의 성과 비슷했지만, 건물 전체적으로 통일성 있는 석공 작업, 대칭적인 정면, 열과 행이 딱딱 맞춰진 가지런한 창 등으로 옛 성과 구분되었다. 빅토리아 시대에도 성은 영감의 원천으로 남아 있었고, 이른바 스코틀랜드 남작풍{6}이라는 변형 양식이 인기를 끌었다. 이 양식은 빅토리아 여왕

{6} Scottish Baronial, 고딕 부흥 양식의 한 갈래. 중세 말 스코틀랜드의 역사적 건축 형태와 장식을 모방했다. 이 양식을 정의했던 로버트 윌리엄 빌링스Robert William Billings의 저서『스코틀랜드의 남작 및 교회 유물 Baronial and Ecclesiastical Antiquities of Scotland』에서 비롯된 명칭이다. -옮긴이

그림 5.8 : 크론킬, 슈롭셔주

엄격한 기하학적 형태들이 거의 20세기 작품 같은 느낌을 주지만,
1802년에 존 내시가 설계한 것이다. 17세기 프랑스 화가 클로드 로랭의
그림에 등장하는 이탈리아풍 건물에서 영감을 받았다.

이 밸모럴성을 계약한 1848년 이후로 국경 북쪽에서 발전해 남쪽으로
퍼져갔다. 스코틀랜드 남작풍의 성은 높은 외벽과 외벽 모서리에 올
린 작은 첨탑, 뾰족모자를 씌운 듯한 둥근 타워 등이 특징이다.

　외국의 자료들도 여전히 컨트리 하우스에 영향을 끼치고 있던 덕
분에 건축가들은 더욱 폭넓은 양식의 팔레트를 사용할 수 있었다. 우
선 픽처레스크운동Picturesque movement에 영감을 주었던 회화 속에 등장
하는 이탈리아풍 대저택이 있었다. 한쪽 끝에 세워진 둥근 타워, 낮
은 경사 지붕과 깊게 드리운 처마, 아치가 늘어선 아케이드 회랑 등이
돋보이는 이탈리아풍 저택이 몇몇 장소에 등장해서 그보다 작은 도시
주택에 영감을 주었다.

한편 나폴레옹의 이집트 원정을 계기로 위대한 기념비들을 발견했던 프랑스 고고학자들은 그것들을 그림으로 그렸다. 이런 발견에 영감을 받은 이집트풍은 로터스 잎 장식 주두가 있는 두꺼운 원주, 꼭대기에서 안쪽으로 기울어진 벽, 크고 깊은 처마 등이 특징이었지만, 대체로 디테일만 저택이나 정원 건물에 쓰였을 뿐이다.

인도, 중국과의 잦아진 접촉에 영향을 받은 건물도 많았는데, 가장 유명한 예는 브라이턴에 있는 로열 파빌리언Royal Pavilion이다(그림 5.9 참조). 양파 모양의 돔, 이국적인 창과 문 양식, 미나레트로 위장한 굴뚝 등의 특징이 1815년까지 수수한 신고전주의 양식이던 이 저택에 덧씌워졌다.

고전주의 건축은 영국인의 숙적인 나폴레옹의 취향이었지만, 그럼에도 섭정 시대 동안 여전히 대표적인 컨트리 하우스 양식으로 남아 있었다. 가장 최신의 설계는 그리스에서 있었던 발견에 영향을 받은 것으로, 가장 순수한 형태의 고대 그리스 건축으로 여겨졌던 신전 양식은 이 시기의 많은 컨트리 하우스에서 부분적으로 나타났다. 저택의 본채는 수수한 경향이 있지만, 시야에 보이지 않게 얹은 지붕, 단순한 도리아식이나 이오니아식 원주와 주두를 넣어 정면에서 돌출되게 만든 포티코 또는 콜로네이드가 특징이다.

빅토리아 시대 양식과 에드워드 시대 양식

1830년대부터 다시 벽돌이 유행하기 시작했다. 재료가 더욱 다양해지면서 지붕의 경사도와 외피를 각각의 양식에 맞게 다양하게 만들

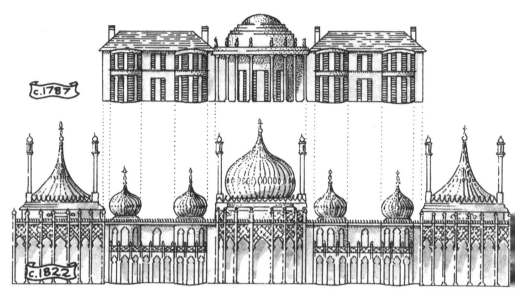

그림 5.9 : 로열 파빌리언, 서식스주

인도식 요소를 과감하게 섞은 이 건물은 존 내시가 섭정공 조지를 위해 1815~1822년에 설계했다. 그러나 그 핵심에는 훨씬 더 전통적인 신고전주의 양식 저택(위쪽 그림 양옆 부분)이 자리 잡고 있다. 파산한 것으로 추정되는 섭정공과 그의 연인 피츠허버트 부인을 위해 1787년에 옛 건물에 덧붙여 중앙 돔과 오른쪽 날개 부분을 추가해 확장했다. 위 그림의 점선은 완공된 로열 파빌리온에서 옛 건물의 해당 부분을 표시한 것이다.

그림 5.10 : 셔그버러 홀, 스태퍼드셔주

17세기 말과 18세기에 지어진 이 저택(그림 4.6 참조)의 정원 쪽 정면은 뚜렷한 섭정 양식을 보여준다. 약간 불룩하게 돌출된 중앙 확장부는 1803~1806년에 신고전주의 양식으로 덧붙여진 것이다. 그 양쪽의 섬세한 아치가 있는 베란다 또한 이 시기에 특징적으로 나타난다.

수 있었다. 아울러 비대칭으로 배치된 타워들이 등장했는데, 이런 타워에는 종종 물탱크가 있어서 새로 만든 화장실과 욕실에 압력으로 수돗물을 공급할 수 있었다. 더욱 큰 판유리를 구할 수 있게 되었으므로 내리닫이창에는 사실상 창살이 필요 없어졌고 따라서 눈에 걸리적거리는 것 없이 소유지 전체를 한눈에 조망할 수 있게 되었다.

　이 시기 후반의 대저택들은 주변 환경을 지배하기보다는 풍경과 하나가 되도록, 또는 숲속에 다소곳하게 자리 잡도록 지어졌다. 17세

그림 5.11 : 벌스트로드 파크, 버킹엄셔주

붉은 벽돌로 만든 우람한 고딕식 타워는 빅토리아 시대 중기의 전형적인 특징이다.
비대칭으로 배열된 첨탑, 박공, 총안이 있는 이 듬직해 보이는 건물은 1861년에서
1870년 사이에 지어졌다.

그림 5.12 : 틴테스필드, 서머싯주

빅토리아 시대 고딕 부흥 양식으로 지은 이 화려한 저택은 사업가인 윌리엄 깁스를 위해 건축가 존 노턴John Norton이 1863년부터 짓기 시작했고, 이후 헨리 우디어Henry Woodyer와 아서 윌리엄 블롬필드Arthur William Blomfield가 추가로 작업했다. 내셔널 트러스트는 불과 100일 만에 800만 파운드 이상을 대중에게서 모금하고, 내셔널 헤리티지 메모리얼 펀드로부터 단일 보조금으로는 가장 큰 액수를 받아 2002년에 이 저택을 매입했다.

기 이후 유행에서 멀어졌던 목재 골조도 다시 유행하기 시작했다. 목재는 그저 덧씌우는 용도로 쓰거나 구조적으로 사용할 때도 있었지만, 보통은 벽돌층이나 석재층 위에 붙여서 검은색이나 흰색으로 칠했다. 이것들은 대부분 빅토리아 시대의 유행이었다.

빅토리아 여왕이 왕위에 올랐을 때 영국 국교회가 정체성 위기를 맞으면서 옥스퍼드와 케임브리지, 런던 등지의 집단을 중심으로 격렬한 종교 논쟁이 벌어졌다. 이 논쟁을 촉발시킨 부분적인 요인은 과거 16세기부터 있었던 가톨릭교도에 대한 제한 규정을 대부분 철폐한 1829년의 가톨릭 해방령이었다. 이 시기에 두각을 나타냈던 가톨릭 개

종자가 오거스터스 웰비 노스모어 퓨진Augustus Welby Northmore Pugin이었다. 퓨진은 일련의 저서를 통해 예전의 중세적인 고딕풍 건물에서 사용했던 느슨한 테마가 아닌, 중세 건물의 정확한 연구에 기반한 고딕 건축을 열정적으로 장려했다. 그는 건물이 도덕적 가치를 지니려면 그 기능과 구조를 감춰서는 안 되며 자연의 재료를 사용해야 한다고 주장했다.

이런 관점은 빅토리아 시대 건축에 극적인 영향을 미쳤다. 퓨진을 비롯한 일단의 사람들은 중세, 특히 14세기가 종교적으로 도덕성이 높았던 시기라고 생각했고, 바로 그 시기에서 영감을 얻어 등장한 것이 새로운 고딕 부흥 양식으로 지은 초기의 건물들이었다. 사용된 재료를 감추는 스투코는 찾아볼 수 없었다. 이젠 벽돌을 다시 드러낼 수 있었으며, 이왕이면 짙은 빨간색 벽돌이 선호되었다. 뾰족한 아치가 있는 창, 가늘고 높은 타워와 비대칭적인 배치 등은 고딕 부흥 양식 초기 저택의 또 다른 두드러진 특징이었다.

1850년대부터 1870년대까지는 더욱 우람한 형태의 고딕 양식으로 유행이 옮겨갔고, 영국의 중세보다는 대륙의 자료들에서 더 큰 영향을 받은 극적인 장식과 듬직한 타워들이 채택되었다. 이 시기 저택에서 가장 뚜렷한 특징은 여러 색깔의 벽돌 작업이다. 빨간색이나 크림색 벽돌을 바탕색 삼아 그보다 밝거나 진한 색 벽돌로 띠나 패턴을 넣는 방식이었다.

컨트리 하우스 건축에서 인기를 끌었던 또 다른 영감의 원천은 16세기와 17세기 초의 건물들이었다. 튜더 왕조 시대의 붉은 벽돌 저택과 엘리자베스 1세 시대 및 제임스 1세 시대의 으리으리한 거대 저택

그림 5.13

16세기 벽돌 작업(왼쪽)과 19세기 벽돌 작업(오른쪽). 후자의 예에서 보듯 더 날카로운 모서리와 더 고운 모르타르는 원래의 저택과 그것을 바탕으로 나중에 만든 빅토리아 시대 저택을 구분하는 방법 가운데 하나다. 각각 벽돌에서 노출시킨 끝(마구리)과 옆면(길이)으로 만들어내는 패턴의 형태는 시대마다 다르다. 길이로 한 켜를 쌓고 그 위에 마구리로 한 켜를 쌓는 영국식 쌓기(왼쪽)는 16세기와 17세기 초에 흔히 쓰던 방식이었다. 네덜란드식 쌓기는 한 켜에 길이와 마구리를 번갈아 놓는데, 이 시기부터 영국식 쌓기가 부활한 19세기 말까지 더 큰 인기를 끌었다.

이 이 애국주의 시대에 열렬한 지지를 얻었다(그림 5.1). 심지어는 띠 장식 같은 디테일까지, 큰 사랑을 받던 엘리자베스 양식 저택의 요소를 그대로 따왔지만, 원래 저택에서 의전용 큰 방들이 어느 층에 있느냐에 따라 창문 높이를 달리하던 원칙은 별로 모방하지 않았다.

빅토리아 여왕과 앨버트 공은 오스본 하우스를 이탈리아 르네상스 양식으로 짓게 했다. 사람들이 여왕의 선례를 따르는 것은 당연했다. 컨트리 하우스와 도시 저택은 너나 할 것 없이 이탈리아풍으로 설계되었고, 1850년대와 1860년대에는 그 인기가 절정에 이르렀다. 이런

그림 5.14 : 브로즈워스 홀, 사우스요크셔주

빅토리아 시대 중기의 이 이탈리아풍 저택에서 이전의 고전주의 양식과 다른 점은 창 주변의 몰딩, 프랑스식 문, 그리고 대체로 높이가 같은 2층이라는 점이다. 빅토리아 시대에는 독립 구조를 선호하지 않았으므로, 이쪽 정면에는 고전주의 기둥들이 보이지 않는다는 점에 주목하자. 다만 19세기의 전형적인 특징인 출입구 전체를 차지하는 포티코(오른쪽)는 예외였다.

저택에는 커다란 판유리를 끼운 높은 아치창이 있었고, 타워에는 끝을 잘라낸 피라미드 모양 지붕을 따라 일련의 좁은 아치 개구부를 냈으며, 경사가 낮은 지붕에, 그 밑의 커다란 처마는 장식적인 브래킷으로 지지했다. 마감재는 밝은색 돌이나 벽돌을 썼다. 똑같이 대륙의 자료에 영감을 받아 지은 더 큰 저택의 경우에는 대칭적인 정면 위에 벽난간과 꽃병 장식을 얹었다.

19세기 후반기에는 프랑스풍 건축이 인기를 끌었다. 나폴레옹 3세 치하의 파리에서 일어나고 있던 유행의 변화에 영향받은 결과였다.

그림 5.15 : 와즈던 매너, 버킹엄셔주

프랑스 건축가 이폴리트 드타이외Hippolyte Destailleur가 프랑스 샤토풍으로 설계한 빅토리아 시대의 컨트리 하우스다. 오스트리아 은행가 대가문 출신의 퍼디낸드 드 로스차일드 남작을 위해 1880년대에 지었다. 폭넓은 인맥을 갖고 있던 남작은 이곳 말고도 버킹엄셔주에서 다섯 곳의 부동산을 매입했다. 런던과 가까웠을 뿐 아니라 이 근방에서는 아주 좋은 사냥터였기 때문이다.

이른바 제2제정 양식으로 불리는 이 양식은 흔히 맨사드 지붕{7}과, 그 지붕에 나란히 늘어선 지붕창을 보면 금방 알 수 있다. 이렇게 지붕창을 내면 대체로 제한된 지붕 밑 공간에도 방들을 넣을 수 있었으므로, 지붕창은 공간이 부족한 도시 건물에서 인기를 끌었다. 한편 시골

{7} mansard roof, 위쪽 경사는 완만하고 아래쪽은 가파른 2단 경사의 지붕. 이 지붕을 유행시켰던 17세기 바로크 시대 프랑스의 건축가 프랑수아 망사르의 이름을 따온 것이다. 나폴레옹 3세의 제2제정 시기 때 특히 유행했다. – 옮긴이

그림 5.16 : 크래그사이드, 노섬벌랜드주

험준한 부지에 극적으로 자리 잡은 이 대저택은 1860년대 말 리처드 노먼 쇼가 설계한 것이다. 16세기의 장원 저택에서 영감을 받아 목재 골조의 박공을 넣었고 창에는 중간선대를 끼웠으며 굴뚝은 높이 세웠다. 전기 조명을 달았던 최초의 주택으로 유명했다.

그림 5.17 : 와이트윅 장원, 웨스트미들랜즈주

올드 잉글리시 양식 저택의 한 예로, 목재 골조의 외부와 미술공예운동
의 영향이 보이는 내부가 특징이다. 부지에 우뚝 솟은 게 아니라 옆으로
뻗어간 형태로, 낮은 지붕과 높은 굴뚝, 16세기 느낌의 창들을 만들어넣
은 결과 1880년대와 1890년대 초에 세워졌다기보다는 마치 세월이 흐르
는 동안 조금씩 진화해온 건물처럼 보인다.

에서는 가파른 경사 지붕을 올린 타워와 바로크풍 장식이 있는 프랑
스식 샤토(성)에서 영감을 받은 저택이 많이 생겨났다.

　　1860년대부터 새로운 세대의 건축가들은 웅장한 중세 건물이 아
닌, 그보다는 소박해 보이는 16세기와 17세기의 장원이나 농장 주택에
서 영감을 찾기 시작했다. 이들은 옛 건축을 그대로 모방해서 설계하
기보다 이런 자료를 토대로 새로운 형태를 창조해냈다. 그렇게 등장한
건축은 첫눈에는 얼핏 원형과 비슷해 보였지만, 가까이서 자세히 보면
그 배치가 혁명적이었고 디테일은 놀랍도록 현대적이었다. 특히 20세

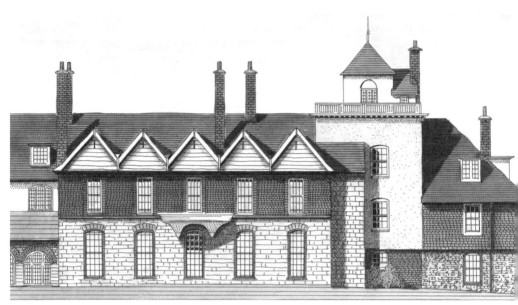

그림 5.18 : 스탠던, 서식스주

1890년대 초에 필립 웹Philip Webb이 런던의 부유한 사무변호사인 제임스 빌이 매입한 오래된 농가를 중심으로 설계했다. 원래 건물이 보유하고 있던 요소들을 유지했을 뿐 아니라 현지에서 난 재료를 사용했으며, 오랜 세월 동안 건물이 조금씩 성장해왔음을 암시하는 형태를 채택했다.

기로의 전환기에 미술공예운동에 영향받은 건축가들의 작품이 주목할 만했다.

　　리처드 노먼 쇼Richard Norman Shaw는 이 올드 잉글리시 양식Old English style을 대표하는 건축가 중 한 명이었는데, 그가 설계한 컨트리 하우스는 더 이상 하늘을 향해 뻗어 올라가거나 주변 환경을 지배하는 느낌을 주지 않았다. 노먼 쇼의 새 저택들은 겉으로 보이는 외관보다는 가족의 요구에 중점을 두고 설계한 것이어서 더욱 소박하고 낮

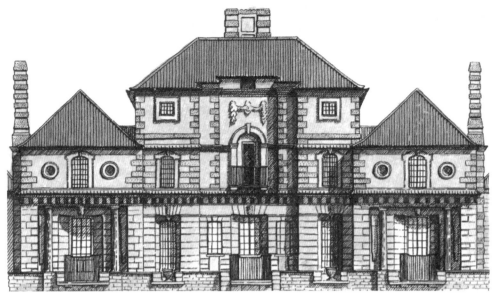

그림 5.19 : 히스코트, 요크셔주 리즈

위대한 건축가 에드윈 러티언스 경이 1906년에 설계한 교외의 대저택이다. 현지의 재료를 사용하는 미술공예운동의 취지와 고전주의 양식의 다양한 요소가 결합되어 러티언스 경의 후기 작품에 나타나는 독특한 특징을 보여준다. 건물 형태는 팔라디오 양식(그림 4.14 참조)이지만 디테일은 17세기 말의 바로크 양식이며, 가까운 채석장에서 채취한 석재를 사용해서 지었다.

은 구조였다. 그런 저택들은 최신 기술과 현대적 재료를 사용했다는 특징이 있었지만, 저택 정면은 그 건물이 오랜 세월에 걸쳐 조금씩 성장했다는 인상을 주었다. 이런 저택의 특징은 낮은 벽 위로 돌출된 길고 경사진 타일 지붕, 과장되게 높은 벽돌 굴뚝, 중간선대에 납틀 유리를 끼운 창 등이었다. 이런 창은 종종 처마 바로 밑에 나란히 길게 줄지어 있었다.

이후 노먼 쇼는 네덜란드식 박공이 있는 17세기 말 주택을 토대로,

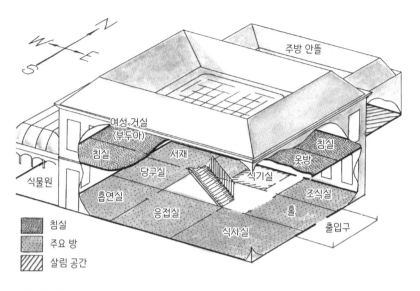

그림 5.20

빅토리아 시대 컨트리 하우스의 단면도. 이제 1층을 차지한 주요 방들은 용도가 더욱 명확해졌다. 위층에는 침실과 옷방이 있고 살림 공간은 저택 뒤쪽에 따로 지은 주방 안뜰에 자리 잡았다. 유리 천장에서 들어오는 빛이 중앙의 계단통에 채광 효과를 주었음을 주목하자. 더욱 대범한 상상력을 발휘한 이런 조명 효과는 19세기 저택의 특징 중 하나다.

목재 부분을 흰색으로 칠한(이 시기 목재는 대부분 짙은 색으로 칠하거나 견목재堅木材처럼 보이게 결을 살렸다) 앤 여왕 양식Queen Ann-style 같은 새로운 양식을 발전시키는 데 관심을 돌렸다. 그의 밑에서 작업하며 배웠던 건축가들은 한 발 더 나아가 영국 복고 양식을 발전시켰다. 1890년대와 1900년대 초에 이들은 미술공예운동 저택을 지으면서 토착적인 재료를 사용했다. 덕분에 숙련된 장인들이 권한을 맘껏 휘두르며 아름답고 질 좋은 비품과 세간을 만들 수 있었고, 건축가는 구조에서 문 손잡이에 이르기까지 전체 프로젝트를 총괄했다. 이 기치를 내세우고 작업하던 건축가들은 주로 수수한 컨트리 하우스나 여름 별장을 지었는데, 건축가가 특별히 보존을 강조한 특징이나 더 오래된 건물을 통합하는 경우도 종종 있었다.

19세기 말에서 20세기 초는 과거에 대한 향수가 풍미하던 시기였다. 전통적인 취미들이 부활했고, 내셔널 트러스트가 설립되었으며 잡지 「컨트리 라이프Country Life」가 발간되었다. 이 잡지는 젊은 건축가 에드윈 러티언스 경Sir Edwin Lutyens의 디자인을 홍보하는 데 큰 역할을 했다. 러티언스 경은 올드 잉글리시 양식을 대표하는 몇몇 저택을 지은 다음, 고전주의 양식으로 관심을 돌렸다. 그는 자신만의 독특한 기술을 발휘하여 고대 건물을 그대로 모방하기보다 오더를 중심으로 한 새로운 형태들을 만들어냈다. 그가 설계한 저택들은 에드워드 시대에 가장 큰 영향을 미쳤다.

실제로 1890년대와 1900년대 초반은 저택은 프랑스 제정 시대의 고전주의 건물부터 조지 시대 저택을 재현한 것까지 여러 가지 양식이 혼합되어 있었으며, 대칭적인 정면에 사용된 독특한 낮은 아치의 내리닫이창들이 특징적이었다.

저택 배치 : 19세기에서 20세기 초반

저택의 양식은 과거 부흥에 대한 집착을 표현하고 있었지만, 저택의 배치는 변화하는 사회적 분위기와 새로운 귀족들의 요구를 반영했다. 이전 세기의 저택을 지배하던 피아노 노빌레는 사라지고 주요 방들은 이제 1층에 놓이게 되었다. 의전용 큰 방들이 나란히 늘어서 있던 배치는 과거의 유물이 되었고, 덜 공식적인 방들은 엄격한 대칭의 규칙에서 약간 벗어나서 자유롭게 배치되었다. 19세기에는 방마다 정확한 용도를 부여하는 경향이 높아지면서, 저택 평면도에는 오전 휴게실, 조식실, 흡연실, 음악실, 당구실 등이 자주 등장하게 되었다. 미술 공예운동의 영향을 받은 저택에는 공동의 공간으로서 홀의 부활이 강조되었다.

한편 혁신적인 실내 공간을 위해서 광원을 신중하게 조절하고, 바닥과 천장의 높이도 다양하게 만들었다. 살림 공간을 어디에 둘 것인가 하는 껄끄러운 문제는 저택의 북쪽에 안뜰을 만들거나 뒤쪽 날개 건물을 지으면 대체로 해결되었다. 이는 식사실이 별채에 있었던 18세기보다는 음식을 내가는 거리가 더 가까워졌다는 뜻이었다. 살림 공간의 크기에 제한이 없어지자, 빅토리아 시대 컨트리 하우스에서 계속 늘어만 가던 요구를 충족시키기 위한 특수한 목적의 많은 방까지 모두 통합할 수 있었다.

빅토리아 시대에는 그림 같은 자연이 저택의 바로 앞까지 뻗은 것처럼 보이는 조경 정원을 구식으로 여겼다. 테라스와 화단이 다시 등장했고, 멋진 프랑스식 문과 베란다에서 그런 정원을 내다볼 수 있었다. 거대한 유리 식물원과 온실이 개발된 지금은 제국의 머나먼 구석에서 가져온 이국적인 식물과 나무가 유행하고 있었다. 이런 온실은 종종 날개 건물로 지어지거나 심지어 저택 구조의 일부에 포함되면서 19세기 컨트리 하우스의 뚜렷한 특징으로 자리를 굳혔다.

그림 5.21

이탈리아풍의 두 창문. 뚜렷한 로마네스크(반원형) 아치 아래 창살 없이 커다란 하나의 판유리를 끼웠다. 창문 주변에 도드라진 몰딩, 아치 위와 안쪽의 장식 디테일은 종종 빅토리아 시대 저택을 이전의 저택과 구분하는 데 도움이 된다.

그림 5.22

아치형 개구부와 밸러스트레이드(장식 난간), 꽃병 장식이 있는 이탈리아풍 타워. 또 하나 흔했던 타워 디자인은 오스본 하우스에서 대중화된 것과 같이, 3개의 아치형 개구부 위에 끝이 잘린 피라미드 지붕을 올린 형태다.

그림 5.23

내리닫이창 위에 벽돌 작업으로 뾰족한 아치 형태를 만들었다. 이는 실용적인 직사각형 창을 살리면서도 정면에 고딕 양식을 통합하는 흔한 방법이었다. 크림색, 회색, 붉은색 벽돌은 1860년대와 1870년대에 널리 쓰였으며, 띠 패턴을 만들 때나 지붕을 장식하는 문장紋章에도 자주 사용되었다.

그림 5.24

고딕 부흥 양식과 미술공예운동 저택들의 지붕은 박공 끝이 노출되어 있고, 처마 밑으로 장식적인 박공널이 끼워진 것이 두드러진 특징이다. 사진 속 와이트윅 장원의 지붕이 아름답게 조각되어 있다. 미술공예운동 저택에서는 지붕 경사가 더 가팔라서 나지막한 1층 꼭대기까지 내려오기도 했다. 옆에 경첩이 달린 여닫이창이 19세기 말에 다시 도입되었지만, 16세기에 널리 쓰였던 다이아몬드꼴보다는 사진의 예처럼 직사각형 납틀창이 주로 사용되었다.

그림 5.25

미술공예운동 저택에는 베이에 밋밋한 중간선대가 있는 창을 내곤 했다. 그림은 C.F.A. 보이시Voysey가 윈더미어 호숫가에 설계한 브로드 레이스 하우스다. 이런 창문은 종종 낮은 지붕의 처마 밑에 단단히 끼워지곤 했다. 얇은 버트레스와 깊이 드리운 처마도 이런 양식의 특징이었다.

그림 5.26 : 디너리 가든스, 버크셔주 소닝

굴뚝이 다시금 하나의 특징으로 떠올랐다. 건축가들이 저택의 기능적인 부분을 기꺼이 드러내면서 더는 밸러스트레이드(장식 난간) 뒤로 굴뚝을 감추지 않았기 때문이다. 에드윈 러티언스 경이 지은 이 저택에서 보듯이, 튜더 양식을 모방한 높은 굴뚝들은 올드 잉글리시 양식과 미술공예 저택 설계에서 중요한 부분이었다.

컨트리 하우스의 종말

1869년 5월의 화창한 어느 날이었다. 미국 유타주 오그던에서 서쪽으로 90킬로미터 남짓 떨어진 황량한 들판 위 두 개의 철도 선로가 만나는 곳에서, 센트럴퍼시픽 철도 회사의 릴런드 스탠퍼드^{Leland} Stanford는 두 선로를 연결하는 '마지막 못'을 때려 박으려 하고 있었다. 그가 휘두른 망치는 빗나갔지만, 극성스러운 전신 기사는 이미, 미국을 가로지르는 최초의 대륙횡단 철도가 완공되었다는 전보를 보내고 있었다. 이제 서부에서 수확한 어마어마한 양의 곡물과 가축을 기차에 실어 동부로 보낼 수 있게 되었고, 냉장 기술의 획기적인 발전에 힘입어 다시 해외로 운송할 수 있었다.

한편 영국의 컨트리 하우스에 앉아 있는 지주들은 농업 황금기의 따사로운 햇볕을 즐기고 있었다. 이들은 1870년대 중반까지 미국에서 수입해 온 곡물 덕분에 옥수수 가격이 안정적으로 유지되고 있다는 사실, 그리고 그다음 10년 동안에는 가격이 떨어질 거라는 사실을 까맣게 모르고 있었다. 수입 곡물이 촉발한 농업 불황과 전반적인 경기 하락의 효과는 곧 귀족들의 임대료와 수입의 감소를 의미했다. 그뿐 아니라 대부분의 남성이 선거권을 갖게 되면서 귀족은 권력 상실의 여파로 흔들렸다. 1894년에는 상속세의 도입으로 치솟은 고지서 액수에 타격을 받았으며, 1909년에는 높아진 소득세율과 부가세율로 인해 또 한 번 휘청이게 되었다.

제1차 세계대전이 일어나기 전까지 많은 컨트리 하우스가 이미 팔렸거나 사람이 살지 않는 빈집으로 남아 있었다. 설상가상으로 전쟁에서 남성 상속자를 잃게 되자, 남은 가족들은 전후의 팍팍한 경제

그림 5.28 : 캐슬 드로고, 데번주

1930년에 완공된 이후, 러티언스 경이 원래 계획했던 웅장한
규모에서 많이 축소되었다. 성을 현대적으로 해석한 이 저택은
종종 최후의 대저택으로 여겨지며, 귀족 통치 시대의 종말을
나타낸다.

환경에서 날아든 세금 고지서와 청구서를 감당할 여력이 없었다. 더욱 풍요로웠던 세대를 위해 설계되었던 이들 거대한 컨트리 하우스들은 20세기 동안 상류층의 재원을 고갈시켰다. 수많은 저택이 학교나 호텔, 사무실로 바뀌었다. 그러지 않으면 부분적으로 또는 전체가 허물어져서(그림 5.7), 빠르게 확장되는 교외에 삼켜진 채 그 건물이 있었던 영지의 이름으로만 전해지게 되었다.

많은 곳이 테마 공원이나 야생동물 공원, 박물관처럼 다른 용도로 바뀌거나 특별 행사나 기업 행사를 위한 장소로 탈바꿈하기는 했지만, 그렇게라도 살아남은 컨트리 하우스가 많다는 것은 다행이다. 일부 저택은 여전히 같은 가문의 소유로 남아 있고, 나머지는 내셔널 트러스트와 잉글리시 헤리티지 같은 단체가 관리하고 있다. 예를 들어, 버킹엄셔주 에일즈버리 주변에 로스차일드 가문이 소유했던 여섯 채의 저택은(그림 5.15) 지금은 각각 영국 공군 캠프, 호텔, 종교 센터, 대안학교로 쓰이고 있으며 나머지 두 채는 내셔널 트러스트를 통해 일반에게 개방되어 있다. 지금까지 그 가문이 소유하고 있는 저택은 한 곳도 없다.

그림 5.27 : 1900년 무렵의 홀 상상도

이 그림에 쓰인 날짜에서 40년쯤 전, 이 저택의 마지막 소유주는 건물 확장 계획에 착수했다. 여가를 위한 방과 손님이 묵을 방을 추가하기 위해 오른쪽에 보이는 날개 건물을 덧붙이고 식물원(왼쪽)을 지었고, 물탱크가 들어갈 타워를 세우고, 앞쪽으로는 살림 공간을 확장했다. 이때만 해도 농사 수입이 높아서 영지가 크게 번영했지만, 1900년에 이르면 자산이 급격히 감소했다. 결국 농장과 대정원의 상당 부분이 매각되었고, 급격하게 확장된 인근 소도시에 흡수되어 그 자리에는 새로운 빌라와 집합주택이 들어섰다(위).

불행히도 상황은 악화 일로였다. 제1차 세계 대전으로 유일한 후계자를 잃었고, 얼

Exemplar Hall c.1900

마 지나지 않아 늙은 장원 주인까지 세상을 뜨자 늘어나는 빚과 상속세를 감당할 수 없었던 가족들은 저택을 매각해야 했다. 저택은 공립학교가 되었지만, 학교는 제대로 운영되지 않았고 1939년쯤에는 군대의 수중에 들어가 훈련 센터로 사용되었다. 제2차 세계 대전이 끝날 무렵, 이때쯤 영지의 나머지 부분을 수용했던 지역 의회가 이 부지를 매입했다. 그러나 관리 소홀로 인해 낡은 홀은 안전하지 않게 되었고 1960년대에는 건물 대부분이 철거되었다. 유일하게 남은 옛 주방 건물은 사무실이 되었고, 영지의 나머지 부분은 현재 공공 공원이 되었다. 그 긴 세월이 흐른 후, 1400년의 원래 풍경에서 살아남은 것은 교회와 그 주변 경계뿐이다.

2부

컨트리 하우스 안을 들여다보면

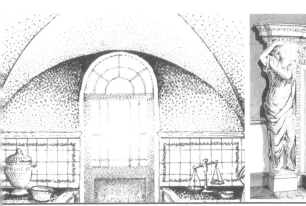

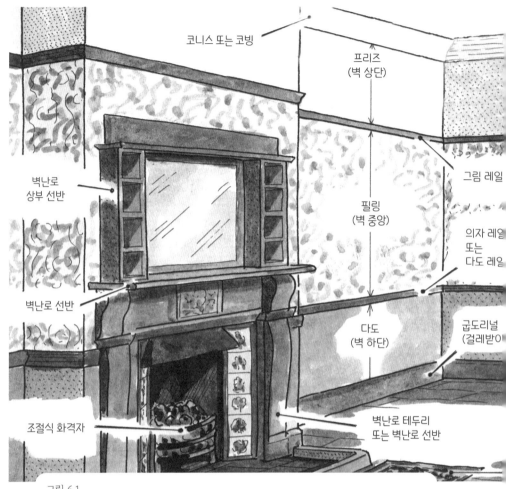

코니스 또는 코빙

프리즈
(벽 상단)

벽난로
상부 선반

필링
(벽 중앙)

그림 레일

의자 레일
또는
다도 레일

벽난로 선반

다도
(벽 하단)

굽도리널
(걸레받이

조절식 화격자

벽난로 테두리
또는 벽난로 선반

그림 6.1

빅토리아 시대의 저택 내부. 다른 시대에서도 찾아볼 수 있는 방의 핵심 요소에 각
각 이름을 붙였다.

커튼 레일 덮개

블라인드

접이식 덧문

커튼

난로 깔개

6장

내부 구조 둘러보기

: 벽널과 천장, 벽난로 :

컨트리 하우스의 주인이 새로 바뀌었을 때, 외부는 어쩌다 한번 손을 보는 경향이 있었다면 내부는 주기적으로, 심지어 전체를 재단장하는 경우가 많았다. 엘리자베스 시대의 저택 한 채를 새로 꾸밀 경우, 정면에서 몇 가지를 새로 다듬고 이상하게 확장해도 원래 모습이 남아 있을 수 있겠지만, 내부의 방들은 후기 바로크, 로코코, 신고전주의, 빅토리아 고딕 양식 등등의 메들리가 될 수 있었다. 한때 살롱이던 방이 지금은 그림 갤러리가 될 수 있었고, 휴게실이던 방에 나중에 당구대가 놓이기도 했다.

저택 내부는 개인적인 영역이었으며, 소유주

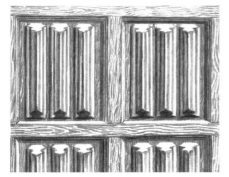

그림 6.2

리넨 주름 패턴의 벽널. 15세기 말
과 16세기 초에 인기가 있었다.

가 저마다 그 위에 자신의 개성과 요구를 새기곤 했기 때문에 공적인
외부보다 더 호화롭고 이국적이고 기상천외할 수 있었다. 그러나 이처
럼 독특하고 개인적인 특징들의 밑바닥에도 몇몇 전반적인 구조적 변
화와 유행하는 세간들이 있다. 따라서 그것을 구분하고 연대를 알아
낸다면 컨트리 하우스가 어떻게 발전해왔으며, 그것이 처음 장식되었
을 때의 모습은 어땠는지를 밝혀내고 더 잘 이해할 수 있다.

벽과 벽널, 벽지

중세 저택의 내부는 오늘날 우리가 종종 보는 것 같은 무미건조
한 공간이 아니었다. 원래는 하얗게 회반죽이나 색을 칠한 벽에 패턴
이나 글을 넣거나, 돌쌓기 공사를 한 것처럼 선을 긋는 등 알록달록 다
채로웠을 것이다. 보통 강렬한 색깔의 천으로 만들어진 벽걸이 장식
은 웃풍을 줄이기 위해 쓰였는데, 특히 영주의 자리인 홀 끝에 많이 걸
어두었다. 태피스트리는 아주 부유한 이들의 사치품이어서 14세기부

그림 6.3

16세기 말의 작은 사각 패널들(왼쪽). 패널 위쪽과 양옆을 돌아가며 몰딩을 둘렀고 (A), 아래쪽에는 평평하게 모따기를 했다(B). 가장 근사한 패널에는 띠 장식을 넣기도 했다(C). 17세기 말에 이르면 고전적인 비례의 커다란 패널(오른쪽)을 사용하여 패널을 댄 출입문과 볼록 몰딩을 한 벽난로에까지 통일감을 주었다.

터 컨트리 하우스에서나 볼 수 있었다.

튜더 왕조 시대에 이르면 벽의 하단부에, 또는 천장까지 벽 전체에 목재 벽널을 대는 것이 유행하게 되었다. 벽널은 테두리를 따라 몰딩이 있는 프레임과, 거기 삽입된 사각 패널로 이루어져 있었는데, 다만 청소하기 쉽도록 아래쪽 테두리는 모따기(chamfering, 각진 단면의 모서리 또는 구석을 비스듬하게 깎는 것)가 되어 있었다. 초기의 벽널에는 뚜렷한 리넨 주름 패턴이나 새김 장식이 있었지만, 후기의 것들은 그냥 돋을벽널(가운데가 도드라지고 가장자리에 모따기가 되어 있었다)이 더 일반적이었다.

17세기는 나무 벽널의 비율에 변화가 일어났다. 가장 좋은 방들은 벽마다 종종 하단(다도dado), 중앙(필링filling), 짧은 상단(프리즈frieze) 등 세 부분으로 나누어 벽기둥과 고전적인 모티프로 장식했다. 왕정복고 시대에는 새김 장식이 그린링 기번스Grinling Gibbons 같은 공예가의 손끝에

그림 6.4

윗가지 위로 회반죽을 바른 과정을 보여주는 벽의 한 부분. 왼쪽 부분에 드러난 벽에서 시작하여 한 층씩 덧입힌 다음, 맨마지막에 몰딩을 넣었다.

서 숨 막힐 정도로 섬세한 경지에 이르렀는데, 자연주의적인 과일과 꽃의 정교한 패턴, 장식 천 모양의 프레임이나 장식 패널 등이 사용되었다.

그러나 이 무렵엔 화재의 위험을 줄이기 위해 벽에 회반죽을 바르는 것이 유행이었다. 회반죽은 석회나 석고로 만들었으며 강도를 높이기 위해 털이나 짚, 갈대를 섞기도 했다. 그러다가 윗가지(가느다란 나뭇가지)를 벽에 박아넣고 그 위에 회반죽을 바르는 방식으로 발전했다. 벽 표면에는 회반죽이나 스투코, 심지어 파피에 마셰[8]로 만든 몰딩을 넣었으며, 이렇게 해서 고전적인 비례를 갖춘 패널과 코니스, 장식 부분

{8} paper maché, 펄프에 아교를 섞어 만든 종이 반죽. 마르면 아주 단단해진다. –옮긴이

| 인동꽃 | 접시 장식 | 곡물 껍질 |

그림 6.5

로버트 애덤 스타일의 몰딩과 최신의 그리스 취향을 반영한 디테일들.

이 형성되었다. 벽에는 목재로 된 하단 레일과 굽도리널(걸레받이)을 대곤
했는데, 이 시기에는 방의 벽에 나란히 의자를 기대놓던 관습이 있어
의자의 등에 벽이 긁히지 않도록 하기 위해서였다.

　장식에는 화려한 바로크풍 형상이 여전히 받아들여지고 있었고,
심지어는 후기 팔라디오 양식의 저택에서도 사용되었다. 18세기 중반
에는 로코코(당시 유행하던 그로토 장식에 쓰인 인조 돌을 가리키는 프랑스어 로카유rocaille에서 나
온 말)로 알려진 새로운 변형 양식이 인기를 끌었다. 로코코 장식은 조
개껍데기 같은 자연적인 형태를 비대칭 패턴으로 깊고 화려하게 새긴
것이 특징이었으며, 흰색이나 금색으로 칠하곤 했다.

　18세기 후반에 이르면, 자기만의 실내 디자인 양식을 창조했던 로
버트 애덤 같은 건축가들이 그리스, 로마, 에트루리아 등지에서 이루
어진 새로운 발견에 영향을 받았다. 이들은 전보다 더 평평하고 더 섬
세해진 몰딩을 만들었고, 더 차분한 파스텔 색조로 색칠된 장식 천 모

양, 화병, 그리핀, 그리고 금구슬로 장식된 패널 등을 사용했다.

벽 덮개로는 실크 다마스크 같은 직물이나 가죽을 썼고 목재 널에 핀으로 박아 고정시키기도 했다. 벽지는 17세기에 중국에서 처음 들어왔지만 오늘날 벽지처럼 풀칠해서 벽에 붙이지는 않았다. 18세기의 일부 저택에서는 종이 위의 패턴을 따라 풀칠한 부분에 양모 자투리들을 붙여 만드는 플록 가공지flock paper가 등장했고, 이국적인 풍경이 그려져 있거나 직물 패턴을 흉내 낸 프랑스식 벽지는 빅토리아 시대에도 여전히 인기였다.

조지 양식 후기 저택의 주요 방들은 조각상을 놓기 위한 아치나 곡선으로 된 벽감이 있는 것이 특징이다. 또한 이런 방은 고대 그리스와 로마 시대의 예를 모방해 방을 완전한 원형으로 만들고 돔 천장을 올리기도 했다. 여기에 웅장함을 더하고 방의 비례를 조절하기 위해 한 쌍의 원주나 나란히 늘어선 열주들도 도입했다.

19세기가 되면서 방 여기저기에 가구를 배치하는 것이 유행하고 있었다. 탁자와 의자는 벽에 줄줄이 기대어놓기보다 친숙한 원형으로 배치했다. 그 결과 벽 보호용 하단 레일이 없이 바닥부터 천장까지 벽지나 직물로 덮인 벽이 등장했지만, 일부 방에는 여전히 하단 레일과 패널이 쓰이고 있었다.

섭정 양식 저택에 쓰이던 섬세하고 연한 패턴의 벽지와 직물은 이후 빅토리아 고딕 양식 저택에서는 강렬한 색깔과 과감한 디자인으로 많이 대체되었다. 나중엔 이 유행도 밀려나서 미술공예운동 저택에서는 덜 거슬리는 평면적 디자인과 더 밝은 색깔의 벽지가 유행했고, 오크재 벽널도 부활했다.

그림 6.6

조지 양식 초기의 벽지(윗줄)는 꽃무늬나 패턴이 들어간 직물을 모방했는데, 중국식 디자인에 영향을 받은 것이 많았다. 섭정 시대에는 줄무늬 벽지와 로버트 애덤 스타일의 벽지가 인기를 끌었다(가운뎃줄). 빅토리아 시대까지는 색감이 풍부한 입체적 느낌의 벽지가 흔했다(아랫줄 왼쪽). 19세기 후반에는 더 밝고 단순화되고 종종 평면적인 디자인이 갈수록 인기를 끌었다(아랫줄 오른쪽).

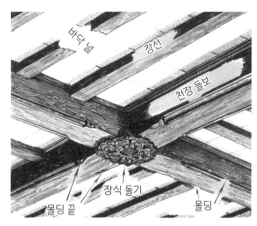

바닥널

장선

천장 들보

장식 돌기

몰딩 끝

몰딩

그림 6.7

보가 드러난 천장. 사실상 주요 버팀보와 장선이 위층을 지지하고 있다. 그림의 천장에서처럼 보에 몰딩을 새기고, 교차부에 장식 돌기를 붙일 수도 있었다.

천장

중세 시대 홀에는 대부분 천장이 없었다. 한가운데 화로가 있어 서까래쪽 지붕이 트여 있어야 했기 때문이다. 대신에 지붕을 받치는 트러스에 화려하게 부조를 새겨넣고 다채롭게 장식할 수 있었다. 이후 벽면에 붙인 화로와 굴뚝이 도입되자 위쪽에 방을 만들 수 있게 되었고 그에 따라 천장이 만들어졌다. 천장에는 몰딩을 넣은 보와 장선[9]을 노출할 수 있었으며, 보와 장선의 교차부에는 장식 돌기boss를 넣었다. 이후 이런 골조 사이에 나무 패널을 끼우자 색칠할 수 있는 수평의 평면이 생겨났다.

엘리자베스 시대에 이르면 이런 목재 천장에 회반죽을 발라 도드라진 기하학 패턴을 넣었다. 17세기 말의 숙련된 회반죽 장인들은 중

---

[9] 長線, 지붕이나 마룻널을 받치기 위해 좁은 간격으로 배열하는 부재. ─ 옮긴이

그림 6.8

시대별 회반죽 천장. 16세기 말의 회반죽 천장에는 기하학 패턴을 깊게 새겼고(왼쪽), 17세기 말의 천장은 타원 장식 안에 그림을 그려넣었으며(가운데), 18세기 말의 천장은 얕은 회반죽 세공이 돋보이게끔 색을 칠했다(오른쪽).

앙부의 커다란 타원형이나 직사각형 안에 그림을 그려넣고 그 주변으로 섬세한 꽃과 장식천 문양의 테두리를 두른 고전적인 스타일의 천장을 만들었다.(그림 6.8 가운데 참조) 팔라디오 양식 저택에서는 건축가들이 방 공간을 단일 정육면체나 이중 정육면체 형태로 만들기 위해 애썼다. 그런 비례는 보기에는 좋을지 몰라도, 벽이 엄청나게 높기 때문에 그림을 걸거나 장식을 걸어도 잘 보이지 않을 터였다. 그래서 커다란 오목천장(우물천장)을 넣어 그 아래쪽의 낮은 벽 공간에 그림이나 장식을 전시할 수 있게 했다.

　　18세기 말에는 로버트 애덤 스타일의 실내장식이 유행하면서 회반죽 몰딩은 전보다 평평해지고 더욱 정교해졌다. 연한 색채를 도입해서 디자인을 더욱 강조하는 한편, 분홍과 초록, 파랑과 빨강, 초록, 노랑, 검정 등의 색 조합이 자주 사용되었다. 돔 천장과 완만한 반원통형

그림 6.9

로코코 양식 천장의 일부. 우스터셔주 위틀리 코트 옆에 있
는 교구 교회 천장의 한 부분으로, 복원 작업을 거쳐 흰색
과 금색으로 빛나던 예전의 영광을 되찾았다.

의 배럴 천장도 신고전주의 디자인에서 인기를 끌었다.

19세기에는 철과 유리로 만든 천창天窓이 새로운 채광 효과를 냈
는데, 특히 계단통 위를 비춰주는 역할을 했다. 한편 천장 중앙부의
샹들리에를 늘어뜨린 부분은 꽃 모양이나 둥근 메달리언 몰딩으로
장식하는 것이 인기였다. 그러나 나중에 미술공예운동 디자이너들은
보를 노출한 천장을 다시금 도입했다.

바닥

중세 저택의 1층 바닥은 대부분 단단하게 다진 흙바닥이었을 것
이다. 먼저 땅을 갈퀴질하여 물에 흠뻑 적신 다음, 흙이 마르는 동안
노처럼 생긴 막대기로 두드려서 땅을 다지는 방식이었다. 여기에 강도

그림 6.10

쪽모이세공 마루는 이 사진에서 보는 것처럼 종종 헤링본 패턴으로 깔았다. 초기의
저택에서 자주 사용되던 이런 마루는 19세기 말 미술공예운동 디자이너들이 부활
시켰다.

를 높이거나 보기 좋게 만들기 위해 석회, 모래, 뼛조각, 점토, 황소의
피 같은 첨가물을 섞기도 했다.

　　16세기와 17세기가 되면 이런 방에는 으레 석판을 깔게 되었고,
어쩌면 네덜란드식으로 검정과 흰색의 대리석 타일을 깔기도 했을 것
이다. 점토로 만든 바닥 타일과 벽돌은 남부와 동부 지방에서 흔히 쓰
였는데, 가장 초기의 타일들은 일반적으로 후기의 타일들보다 더 크
고 유약이 칠해져 있지 않았다. 유약을 바른 타일은 18세기가 되어야
등장했다.

　　조지 시대에는 저택에서 가장 웅장한 방에 윤을 낸 돌이나 대리
석 바닥을 깔았다. 이때쯤에는 지하실이 흔했으므로, 이 바닥 무게를
지탱하기 위해 그 아래 지하실에는 벽돌로 볼트 천장을 올렸다. 나머

지 방의 경우, 초기에는 넓은 널빤지 또는 너비가 일정하지 않은 널빤지를 서로 맞댄 마루를 깔았다.

널빤지의 너비가 그보다 좁고 일정하며 서로 끼울 수 있게 암수가 있는 마루는 19세기에 와서야 등장했다. 단단한 경재 마루는 광택이 났고, 그보다 싼 연재 마루는 품질이 더 좋아 보이도록 색칠을 하거나 결 모양이 나도록 칠했다. 그런 다음 마루 전체를 거의 뒤덮는 커다란 깔개나 카펫, 또는 바닥 천을 깔았다. 쪽모이세공 패턴은 18세기 초에 인기가 있었으며, 나중에 미술공예운동 디자이너들이 부활시켰다.

카펫은 방 가운데에 까는 품목으로 17세기에 처음 등장했다. 미리 짜놓은 부분들을 가져와 현장에서 바느질로 꿰매는 완전한 맞춤형 카펫은 조지 시대 중기부터 가장 좋은 일부 방에 사용되었지만, 그보다 작고 옮길 수 있어 청소가 더 쉬운 카펫은 20세기까지도 흔했다. 18세기 말이 되면 한 사람이 실내 디자인 계획을 총괄하는 사례가 점점 늘어남에 따라, 카펫을 천장 디자인과 어울리는 패턴으로 짜달라고 주문하게 되었다.

빅토리아 시대에는 건축 양식이 더욱 다양해지고 방들은 용도에 맞게 더욱 전문화되었다. 그 결과 바닥 표면도 그만큼 다양해져 대비를 이루는 색깔의 돌이나 대리석 사각 석판부터 중세식 패턴이 있는 바닥 타일까지 다양하게 사용되었다. 중세 디자인을 토대로 한 채색 패턴이 있는 새로운 엔코스틱 타일encaustic tile은 고딕풍 저택에서 인기가 있었으며, 살림 공간과 사람들이 많이 드나드는 구역에는 무늬나 광택이 없는 검정이나 담황색 테라코타 타일을 깔았다.

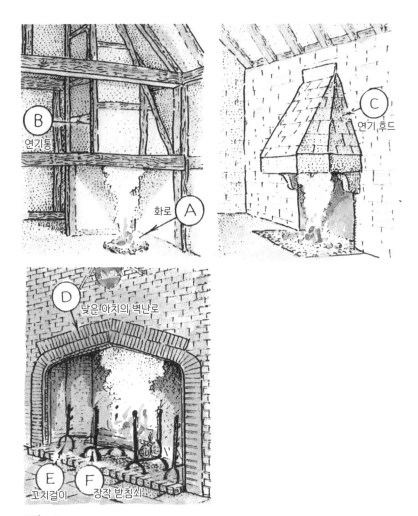

그림 6.11

중세 후기에는 홀 중앙에 있던 화로를 구석으로 옮기고(A) 그 위에 패널을 대어 연기통(B)을 만들어 연기가 위로 빠져나가게 했다. 또 하나의 대안은 연기 후드(C)였다. 튜더 왕조 시대에 이르면 4중심의 낮은 아치(D)나 상인방 뒤로 우묵하게 들어간 벽난로가 유행했고, 음식을 구울 때 쓰는 꼬치를 받치는 꼬치걸이(E)도 함께 유행했다. 통나무를 고정하는 데는 장작 받침쇠(F)를 사용했다.

그림 6.12

16세기 말 4중심의 낮은 아치 개구부가 있는 벽난로. 그 위
의 벽난로 상부 장식 선반이 돋보인다.

벽난로

　　중세 시대에는 커다란 홀 중앙에 화로가 있었고, 거기서 피어오
른 연기는 보통 지붕 꼭대기에 낸 비늘창(louvre, '열린 곳'ouvert'을 뜻하는 프랑스어
에서 나온 말)을 통해 빠져나갔다. 밤에는 종종 화로 위에 쿠브르 푀(couvre-
feu, 프랑스어로 '불 덮개'를 뜻하며 '야간 통행금지'를 뜻하는 curfew라는 단어는 여기서 나왔다)라는
도기로 된 체를 덮어 불이 밤새 꺼지지 않게 했다. 이런 형태의 화로가
처음 개선된 것은 화로가 방 한쪽 끝으로 옮겨지고 화로에서 피어오
른 연기를 가두는 차단막이 생기면서부터였다. 벽에 붙은 화로 위를

그림 6.13

17세기 말의 벽난로 테두리. 개구부 전체를 돌아가며 독특한
볼록 몰딩을 둘렀다.

덮는, 목재와 진흙 반죽으로 만든 커다란 후드도 등장했다. 그러다가
마침내 벽난로와 굴뚝으로 발전했다. 이런 초기의 예들을 보면 '침니
(chimney, '화덕'을 뜻하는 그리스어 kaminor에서 유래했다)'는 벽난로와 굴뚝 전체를 가
리키는 단어였다. 튜더 시대의 전형적인 벽난로는 장작으로 쓸 커다란
통나무를 집어넣을 수 있도록 개구부 테두리의 가로 폭이 넓고 아치
는 낮았다.

16세기가 되자 부자들은 북동부 지역에서 난 석탄(런던까지 배로 운반했
으므로 바다 석탄sea coal이라고 불렸다)을 땔감으로 구할 수 있게 되었다. 이 새로

그림 6.14

18세기 후반에 로버트 애덤이 디자인한 벽난로 테두리. 양쪽 옆에 원주 대신 카리아티드(caryatid, 여인의 상으로 된 기둥)와 장식적인 장면이 양각으로 새겨진 중앙의 명판으로 종종 구분된다. 이때쯤엔 벽난로 개구부가 전보다 작아졌는데, 통나무를 받치는 장작 받침쇠는 화격자로 대체되었다. 화격자는 석탄이 흩어지지 않게 모아주는 역할을 함으로써 화력을 더 세게 만들어준다.

운 연료는 더욱 작은 덩어리 하나만으로도 통나무와 똑같은 열을 발생시킬 수 있었으므로 시간이 갈수록 벽난로의 크기가 작아졌다. 청소를 위해 굴뚝을 기어올라야 했던 사람들에게는 불행하게도 새로 등장한 유형의 벽난로는 너무 작았고, 따라서 이 시기부터는 어린 소년들이 굴뚝 청소를 맡게 되었다.

16세기 말에는 벽난로가 이미 방에서 주요한 특징으로 발전했고,

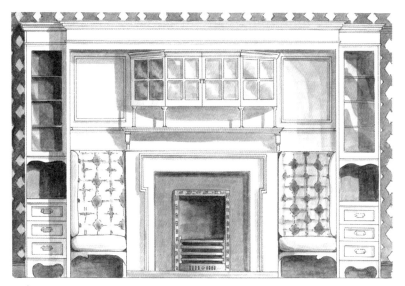

그림 6.15

미술공예운동 양식이 뚜렷하게 보이는 벽난로. 목재로 된 상부 선반 장식, 유리 찬장과 선반, 앉을 수 있는 좌석이 테두리에 포함되어 있다.

벽난로 위의 선반은 호화롭게 장식되었다. 17세기 말에 이르면 볼록한 몰딩으로 테두리를 두른 더욱 절제된 유형의 벽난로가 벽널 안에 설치되었다. 18세기에는 위쪽에 선반을 얹고, 양쪽에는 고전적인 원주나 여인 형상을 세운 돌이나 대리석 벽난로가 유행했다. 조지 시대 후기에는 벽난로 선반이 더욱 넓어졌고 최신 신고전주의 양식 모티프들로 장식되었다.

19세기가 되자 석탄을 구하기가 쉬워졌다. 1870년대부터는 효율적인 조절식 화격자가 있고 양쪽으로 장식 타일을 붙인 벽난로가 흔해졌다. 미술공예운동 건축가들은 종종 모닥불을 선호해서 잉글누크{10} 벽난로 안에 통나무 화로를 재도입하거나 테두리가 넓은 벽난로를 만들었다. 이런 커다란 테두리에는 흰색으로 칠한 선반과 유리 찬장을 넣었고, 밝은 녹색과 파란색 타일을 붙이기도 했다.

문

초기의 문은 세로로 놓은 목재 널들 위에 가로 널을 대고 못을 박아 고정하고, 쇠 경첩이나 핀으로 문 둘레에 매단 형태였다. 튜더 왕조 시대의 장원 저택에서는 이런 기본적인 문이나 장식적인 요소가 가미된 문이면 충분했을 것이다. 그러나 르네상스 시대의 젠트리들과 그 후손들은 저택의 고전적인 장식에 어울릴 만한 문을 요구했다. 따라서 틀 위에 패널을 붙인 양판문panelled door이 등장했다. 초기의 양판문은 패널이 두 장뿐이었지만, 18세기 무렵엔 우리에게 친숙한 6패널 디자인이 흔했다. 이런 6패널 문은 우아해 보였을 뿐 아니라 더 가볍기도 했고, 따라서 문과 문틀 사이에 보이지 않게 감출 수 있는 작은 나비꼴 경첩을 사용할 수 있었다.

마호가니와 오크 같은 단단한 목재 패널은 그대로 노출했지만, 그보다 싼 소나무 같은 목재를 사용할 경우는 항상 색을 칠했다. 이 원칙은 목재로 된 나머지 벽널이나 방 안의 조각 장식에도 똑같이 적용되었다. 빅토리아 시대 사람들은 4패널 디자인의 문을 선호하는 경향이 있었고, 후기에 올드 잉글리시 양식에서는 매우 장식적인 철제

{10} inglenook, 불 가까이에 앉을 수 있게 벽난로가 있는 벽을 크고 깊게 파서 만든 아늑한 공간. – 옮긴이

그림 6.16

중세 후반 또는 튜더 시대의 문. 세로 널과 반대쪽 면에 붙인 가로 널로 이루어져 있다. 이런 문은 벽 또는 문틀의 뒤쪽으로 닫히게 되어 있다.

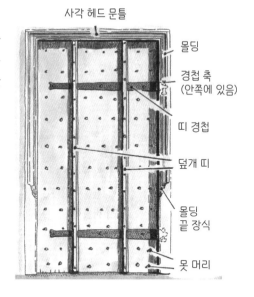

사각 헤드 문틀

몰딩

경첩 축
(안쪽에 있음)

띠 경첩

덮개 띠

몰딩
끝 장식

못 머리

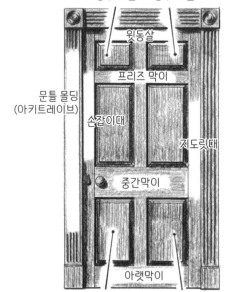

상부 패널   상부 패널

윗동살

프리즈 막이

문틀 몰딩
(아키트레이브)

손잡이대

지도릿대

중간막이

아랫막이

하부 패널   하부 패널

그림 6.17

섭정 시대 6패널 문과 각 부분의 명칭. 문틀 위 양쪽 모서리에 있는 불스 아이 bull's eye 문양은 이 시대에 나타나는 특징이다.

띠 경첩을 붙인 널문이 다시 등장했다.

문 양쪽과 위쪽으로 몰딩과 새김 장식을 넣었던 구조물인 문 둘레는 왕정복고 이후 원주와 바로크 양식 장식으로 꾸민 호화로운 문틀이 되었고, 문 위를 가로지르는 엔태블러처와 페디먼트까지 얹었다. 문을 이중으로 설치하는 경우도 있었는데, 음식 냄새가 인접한 방들로 들어가지 않도록 하기 위해서였다. 저택의 본채와 살림 공간을 분리하는 유명한 녹색 베이즈 문은 불쾌한 소음을 막기 위해 문의 한쪽 면에 베이즈 천을 씌우고 핀으로 고정했다.

계단

중세 주택에서는 위층에 방이 있는 경우가 드물기는 했지만, 이런 방으로 올라가기 위한 가장 초기의 계단은 사실상 튼튼한 사다리나 다름없었다. 아주 으리으리한 석조 건물의 경우는 비좁은 나선형 계단이 있었다. 이후 위층의 방들이 중요해지면서, 그 방들로 올라가기 위한 더 넓고 정교한 계단이 필요해졌는데, 종종 별도의 타워 안이나 저택 뒤쪽을 약간 확장한 공간에 계단을 만들었다.

17세기 초가 되면 우리에게 친숙한 계단, 즉 막힌 옆판 계단이 인기를 끌고 있었다. 각각의 디딤판과 챌판이 모두 하나의 옆판에 끼워져 있었으며, 옆판은 두꺼운 모서리와, 엄지기둥이라 불리는 계단 끝의 기둥으로 지지되었다. 이런 계단은 중요한 지위를 상징한다고 여겨졌다. 따라서 엄지기둥과 난간 동자를 오크 목재로 만들어 아름답게 장식했는데, 맹수 형상이 있는 문장紋章을 부조로 새겨 넣기도 했으며

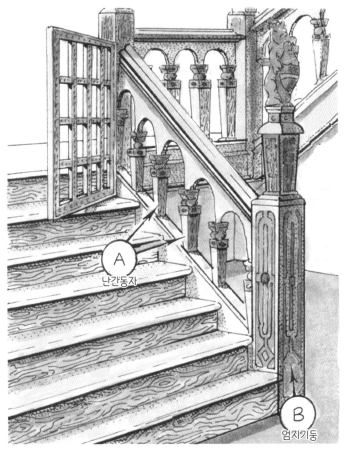

그림 6.18

17세기 초의 막힌 옆판(디딤판과 챌판을 끼우는 측면 지지대) 계단. 장식
적인 난간동자(A)와 엄지기둥(B)이 있고, 위쪽에 개 출입문이 달려 있다.

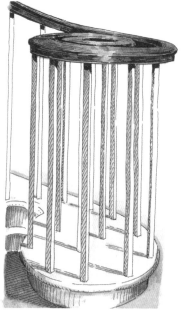

그림 6.19

섭정 시대 계단에서 주철 난간동자들이 디딤판 위에 세워져 있다(따낸 옆판).

나중에는 고전적인 형상들과 자연주의적 디테일을 주로 사용했다. 종종 홀 끝에 있는 별도의 방에 계단을 만들어 넣음으로써 이런 계단의 중요성을 더욱 강조하기도 했다. 밤중에 개가 홀 안에 머물러 있도록 계단 밑에 개 출입문을 넣은 경우도 있었는데, 조각 장식을 새긴 몇몇 개 출입문은 아직도 남아 있다.

　목공 기술이 진보하면서 계단 끝의 엄지기둥이 더는 바닥을 딛지 않고 디딤판들이 공중에 떠 있는 것처럼 보이는 계단도 선을 보였다. 이제 밑면을 노출한 계단도 더러 등장했는데, 천장을 장식하듯 그 밑면에 회반죽을 바르고 장식적인 몰딩을 넣거나 그림을 그려넣었다. 한

그림 6.20

17세기 말의 장식 난간(밸러스트레이드). 화려한 목공 조각으로 장식되어 있다.

편 일부에서는 층계참 바닥에 아름다운 쪽모이세공 마루를 깔고 엄지 기둥에는 정교하게 조각을 새겼다.

18세기에는 층계의 모양을 그대로 드러내는 따낸 옆판이 등장하면서, 이제 디딤판 위에 직접, 가늘고 우아한 난간동자를 세우게 되었다(종종 디딤판 하나에 두세 개의 난간동자를 함께 배치했다). 난간대를 마호가니로 만들고 끝부분을 나선형으로 마감한 주철 난간은 조지 양식 후기를 특징짓는 독특한 계단이었다. 빅토리아 시대에는 저택마다의 양식을 반영해, 과거 한 시기의 계단 형태를 모방한 것들이 흔했다. 그러나 미술공예운동 시대의 디자이너들은 20세기의 현대적인 양식을 예고하는 참신하고 기발한 형태의 계단을 만들었다.

그림 7.1 : 블랙웰 아츠앤드크래프츠 하우스, 윈더미어, 컴브리아주

베일리 스콧Hugh Mackay Baillie Scott이 설계한 이 미술공예운동 저택에는 중세풍의
홀, 튜더풍 농가의 거실, 빅토리아풍 당구실 등이 있다. 스콧은 나머지 미술공예운
동 건축가들과 마찬가지로 홀을 재해석해, 조지 시대에 화려한 통로 정도로 격하되
었던 공간을 다시 한번 저택의 사교적 중심으로 만들었다. 저택에서 주요 방들의 역
할과 중요성이 시대를 거치며 어떻게 변화할 수 있는지 보여주는 예다.

7장

위층의 방 둘러보기

: 홀, 응접실, 식사실 :

       컨트리 하우스의 본채에 있는 방들은 손님 접대와 오락을 위한 공간, 그리고 가족의 사적인 공간으로 나눌 수 있었다. 대부분의 저택 소유주는 손님에게 깊은 인상을 남기는 것을 무엇보다 우선시했으므로 저택에서 가장 화려하고 유행에 민감한 경향이 있었던 공간은 전자였다. 이런 주요 방들에서 나타나는 화려함의 정도는 주인이 얼마나 부유한지, 왕실 및 정계와 얼마나 가까운지를 반영하곤 했다. 그보다 사적인 방들은 주인의 개인적 취향과 일상의 필요를 반영하고 있었다. 다만 어떤 시점에는 가족들이 쓰는 이런 방에 손님을 들일 때도 있었으므로, 사적인 방 역시 계급의 위상을 보여주기도 했다. 최신 유행을 따라 지은 저택들은 계속해서 새롭게 장식되거나 개축되었으며, 따라서 이런 저택의 방들은 종종 겉모습은 물론이고 설계 당시의 원래 역할까지 바뀌곤 했다. 가구 배치는 대체로 가장 최근의 소유주나 현재 소유주의 취향을 반영하지만, 저택 안에서 각 방이 차지하는 위치, 공간의 크기와 비율, 사용된 부품의 유형에 따른 특징이 있으며, 그것들을 통해 원래 방의 용도와 원래 모습을 식별하거나 추측할 수 있다.

홀

중세 초기에 영주와 식솔들의 생활의 중심은 홀이었다. 장원의 영주, 그를 따르는 귀족들, 사병들과 하인들이 그 커다란 개방형 공간에서 함께 먹고 마시고 잠을 잤다. 지역 재판이 열리고, 농지 관리를 하고, 무기를 든 남자들이 회합을 갖고, 손님 접대가 이루어지는 곳도 홀이었다. 홀은 공동체의 핵심이었고 모든 계급을 받아들이는 장소였다. 홀 한가운데에는 불이 활활 타오르는 화로가 있었고, 거기서 피어오른 연기는 지붕에 난 틈새를 통해 빠져나갔다. 홀의 한쪽 끝에 바닥을 높여 만든 단인 데이스^{dais}는 영주의 자리였고, 종종 그 뒤로 커다란 창이 있어 그 자리를 비춰주었다. 그리고 다른 한쪽 끝에는 주 출입구에서 들어오는 웃풍을 막기 위한 가리개가 있었다.

트림을 해대는 하인들, 코를 고는 병사들, 몸을 긁어대는 개들과 뒤섞여서, 흙먼지 달라붙은 더러운 짚 바닥 위에서 잠을 잔다는 건 중세 후기의 영주들에게는 달갑잖은 일이었다. 그들은 사적인 공간을

갤러리

가리개

돌출창

사적인 방들로
가는 문

살림 공간

데이스

통로

그림 7.2

중세 후기 홀의 모습. 오른쪽에 영주의 자리가 있고 왼쪽 문으로 나가면 술 저장고
와 식료품 보관실로 통한다.

만들기 위해 홀 한쪽 끝에 날개 건물을 붙여 지었다. 때로는 술 저장
고와 식품 보관실도 만들었는데, 다른 쪽 끝에 있는 별도의 주방으로
갈 수 있게 통로도 함께 지었다.

　　중세 후기는 흑사병으로 인해 사회적 대격변이 일어난 때이기도
했다. 오랜 봉건 제도와 장원의 토지 임대 관계가 무너지면서 농지 관
리를 둘러싼 결정은 새롭게 등장한 요먼(yeoman, 상류층 농민)이 맡는 경우
가 점점 많아졌다. 그에 따라 영지의 중심이자 공동체의 핵으로서 홀
의 역할은 시들기 시작했다. 16세기가 되면 대부분의 컨트리 하우스
에서 화로는 방구석으로 옮겨갔고, 벽 위쪽에 천장을 끼워 그 위에 크

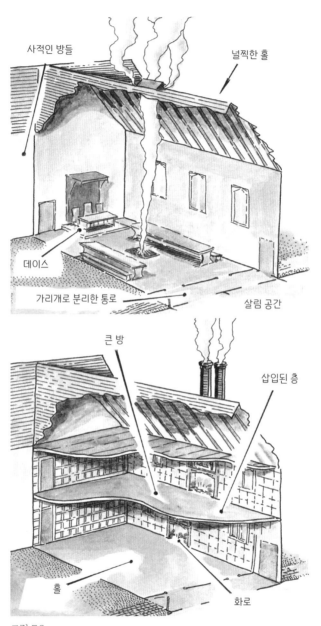

사적인 방들

널찍한 홀

데이스

가리개로 분리한 통로

살림 공간

큰 방

삽입된 층

홀

화로

그림 7.3

똑같은 중세 홀의 변화를 보여주는 그림. 예전의 홀(위)과 16세기
에 화로를 옮기고 위층을 삽입한 홀(아래)의 모습이다.

고 웅장한 방 하나를 만들게 되면서 아래쪽의 옛날 공간은 하인들을 위한 홀로 바뀌었다. 그러나 일부 저택에서는 예의 커다란 공동의 방이 다음 세기까지도 명맥을 이어갔다.

엘리자베스 시대의 젠트리들은 과시를 목적으로 한 새 저택을 짓고 있었기 때문에, 앞에서 보았을 때 정면의 너비만큼 길게 뻗은 커다란 홀을 저택의 중앙에 배치하는 것이 일반적이었다. 그러나 하드윅 홀에서 최초로 홀을 90도 회전시킴으로써 홀은 오늘날 우리가 떠올리는 길고 좁은 현관방이 되었다. 이제 손님들이 이 공간을 통과하게 되었으므로 하인들이 홀에서 먹고 자는 것은 더 이상 용납되지 않았으며, 따라서 하인들 숙소는 눈에 보이지 않는 곳에 따로 만들어졌다.

이 시기 가장 좋은 저택의 홀은 패턴을 넣어 꾸민 새로운 회반죽 천장에 벽은 패널로 장식되어 있었으며, 홀의 한쪽 끝에는 아름다운 장식을 새긴 계단을 만들어 손님들이 별도의 주요 방들로 올라갈 수 있었다. 18세기가 되면 홀은 피아노 노빌레의 일부를 이루면서 다시금 중시되었고, 외부 계단을 통해 올라가게 되어 있었다. 이 시기의 홀은 원주와 벽감, 얇게 회반죽을 바른 벽, 밝은 색깔의 돌이나 대리석 바닥 등으로 세련된 고전주의 양식으로 꾸미곤 했다. 이런 방들은 시원해서 더운 여름에 식사 공간으로 쓸 수도 있었지만, 아주 널찍했기 때문에 손님들을 맞이하는 방이나 대기실로 사용할 수도 있었다.

19세기에 들어서면 홀의 중요성이 예전만큼은 못했지만, 중세의 홀이 지녔던 공동체적 역할을 재현하고자 했던 미술공예운동 건축가들은 저택에서 홀의 원래 형태를 부활시켰다. 이들은 널찍하고 개방적인 공간을 만들어 잉글누크 벽난로를 놓았고, 갤러리와 좌석을 배치

그림 7.4 : 케들스턴 홀, 더비셔주

18세기에 대리석이나 돌로 엄청나게 크게 지은 홀들은 팔라디오 양식 저택의 한 특징이었다. 로버트 애덤이 설계한 이 홀에는 세로 홈이 있는 원주들 뒤로 조각상이 놓인 아치 벽감이 있으며, 위에는 거대한 우물천장이 있다.

하여 손님들을 맞이하거나 저녁 식사 전에 모임을 갖고, 식사 후에는 오락을 즐길 수 있게 했다.

그레이트 체임버

주인이 더욱 사적인 공간을 추구하게 되면서 등장했던 최초의 방들 중 하나가 위층의 큰 방이었다. 영주가 식사도 하고 잠도 잘 수 있었던 이 방은 솔라[11]라고 불렸다. 영주가 식사할 때면 하인들은 홀의 다른 쪽 끝에 있는 살림 공간에서부터 행렬하듯 음식을 가지고 나와서, 식솔들이 탁자에 나란히 앉아 있는 홀을 지나서 데이스 옆 계단을 올라가야 했다. 그러나 중세 후기에 이르면, 영주가 이 방에서 손님을 맞이하고, 위엄을 갖추고 공식적으로 식사하는 경우가 많았다. 따라서 중요성이 높아진 만큼 방은 더욱 화려하게 장식되었고, 이 방에서 연결되는 침실이 따로 마련되었다.

오늘날 우리가 그레이트 체임버great chamber라고 일컫는 방은 16세기와 17세기 초에 많이 생겨났다. 보통은 교차 날개 건물의 위층에 있었지만, 천장을 삽입해 공간을 수평으로 분리한 저택의 경우는 홀 바로 위에 지어졌다. 그레이트 체임버는 태피스트리나 가족의 초상화를 걸어두는 전시실로 사용되었지만, 중요한 식사나 음악, 연극, 춤을 위한 장소이기도 했다. 벽에는 목재 벽널을 붙였고 의자에는 말총 덮개를 씌웠는데, 방 안에서 먹는 음식 냄새가 배지 않도록 하기 위해서였다(그러나 이때까지도 대부분의 사람은 여전히 벤치나 등받이 없는 의자에 앉았다). 아울러 벽난로 선반 위의 왕실 문장, 장식에 묘사된 사냥 테마 등의 디테일이 자주 쓰였다.

나중에 그레이트 체임버의 규모가 더욱 커지기 시작하면서는 천장을 오목하게 만들고, 벽난로 위쪽은 붙박이로 넣은 그림이나 과일, 꽃, 새 등을 새긴 화려한 조각으로 장식했다.

{11} solar, '일광욕실'을 가리키는 solarium에서 나온 말로, 어근 sol은 '태양'을 뜻한다. – 옮긴이

그림 7.5

연회는 저택 안의 수수한 홀에서 열리기도 했지만, 정원에 따로 만든 커다란 연회실에서 열리기도 했다. 사진은 옥스퍼드셔주 치핑 캠든에 있는 전前 캠든 하우스의 연회실.

연회실

저택을 방문한 손님들은 일단 메인 코스의 식사를 마치고 나면 다른 방으로 가서 얇게 구운 과자와 향신료로 구성된 호사스러운 디저트를 먹을 수 있었는데, 16세기에는 이것을 '뱅큇banquet'이라고 했다.{12} 아주 큰 저택에서는 이런 용도로 쓰기 위한 인상적인 연회실을 특별히 만들기도 했는데, 정원에 별채를 따로 세우거나 저택 안에 연회실이 있는 경우엔 외부에서 바로 접근하도록 했다. 일부 저택에는 지붕 위에 연회실이 있어 손님들이 느긋하게 풍경을 감상할 수 있었다.

{12} 오늘날 banquet은 연회나 성찬을 가리킨다. – 옮긴이

거실

그레이트 체임버와 연회실은 일상적인 식사를 하기에는 지나치게 크고 화려했기 때문에, 가족들을 위한 거실parlor이 등장하게 되었다. 프랑스어로 parler는 "말하다"는 뜻인데, 이는 사적인 대화를 하기 위한 공간으로서 거실의 역할을 말해준다. 거실은 15세기부터 컨트리 하우스에 등장하기 시작했다. 보통은 단순하게 장식되어 있었고, 식사가 끝나면 치울 수 있는 접이식 탁자가 있었다. 이 시기에는 식사 때 접시와 날붙이를 많이 사용하지 않았기 때문에 거실에는 다른 가구가 거의 없었다. 손님들은 각자 자신이 쓸 나이프와 스푼을 갖고 다녔다(포크가 널리 쓰이게 된 건 18세기 이후다). 큰 저택에는 거실이 하나 이상 있기도 했는데, 큰 거실과 작은 거실을 구분했던 것 같다. 한편 18세기와 19세기에 오면 거실은 중간 계급의 주택에서도 볼 수 있는 흔한 특징이 되었는데, 큰 저택에서는 이런 사적인 가족 공간을 조찬실(morning room 또는 breakfast room)이라 부르기도 했다.

식사실

18세기 무렵에는 살롱과 식사실이라는 두 개의 방이 그레이트 체임버 역할을 대신하게 되었다. 식사실은 중요한 식사를 하는 방이었고, 먹기 위한 용도만큼이나 보여주기 위한 용도가 컸던 컨트리 하우스에서는 주요 요소로 자리 잡았다. 식사실 벽에는 보통 회반죽이나 치장 벽토를 발랐고 코니스와 프리즈를 돌아가며 꽃, 과일, 동물 디자인으로 장식했다. 또한 음식 냄새가 배지 않도록 커튼 대신 덧문이 종

그림 7.6

조지 시대 중기의 식사실. 특징적인 짙은 색 벽은 금테 액자 속 그림이 돋보이게 하는 효과적인 배경 역할을 한다.

종 쓰였다. 강렬한 색채가 사용된 식사실은 남성적인 공간이었다. 손님들의 감탄과 토론을 끌어낼 수 있도록, 금박 액자 속의 그림들이 돋보이게끔 짙은 색으로 벽을 꾸몄기 때문이다. 이때까지도 저택 내 방들의 역할은 여전히 유동적이었으므로, 식사가 끝나면 식탁과 의자를 벽 쪽으로 밀어붙이곤 했다.

　　빅토리아 시대 사람들은 그 조상들보다는 인체 공학을 잘 알고 있었으며, 음식이 뜨거울 때 받아서 먹는 것을 선호했다. 따라서 식사

그림 7.7 : 칼크 애비, 더비셔주

1794년에 만들어진 이 식사실의 벽은 섬세한 회반죽 몰딩 프레임과 그 안의 작은
그림으로 장식되어 있다. 원주 뒤의 벽감에는 작은 식기대가 있어 음식을 낼 때 사
용할 수 있었다. 오른쪽 뒤로 살짝 보이는 문을 주목하자. 이 문을 통해 하인들은
식사실을 조용히 드나들 수 있었다.

실을 주방에서 너무 떨어진 곳에 배치하지는 않았다. 식사실 근처에
는 식사를 구성하는 여러 코스의 음식을 들여가기 전에 미리 준비해
두는 서빙 구역이 있었다. 일부 식사실에는 하인들이 최대한 부산스럽
지 않게 드나들며 접시를 치울 수 있도록 숨겨진 출입구도 있었다. 식
사실의 용도가 영구적으로 자리를 잡으면서 방 한가운데 고정된 자리

에 식탁이 놓이게 된 것은 19세기가 막 시작될 때의 일이었다. 이제 식사가 끝나면 여성들은 물러갔고, 신사들은 계속 남아서 담배 연기와 술에 취한 웃음으로 식사실을 채우곤 했다.

살롱

살롱{13}은 여흥과 과시를 위한 방이었다. 바로크 양식과 팔라디오 양식 저택에서 살롱은 입구 홀 뒤쪽으로 건물의 중심축에, 양쪽으로 식사실과 응접실을 두고 배치되는 경향이 있었고, 뒤쪽으로는 정원이 내다보이도록 했다. 18세기 저택에서는 이 커다란 방을 필수적으로 여겨 홀만큼 천장을 높이기도 했다. 기존에 있는 방 사이에 높은 살롱을 끼워 넣으려면 그 위층 방의 바닥을 올려야 했음에도 천장이 높은 살롱이 선호되었다. 살롱은 훌륭한 전시실 중 하나였으므로, 건축가는 이 방의 웅장한 규모를 활용해 원형 또는 기다란 이중 정육면체의 공간을 창조할 수 있었고, 여기에 벽감, 앱스{14}, 으리으리한 우물 천장이나 돔천장, 정원을 한눈에 내다볼 수 있는 곡선의 돌출창 등을 넣었다.

살롱은 최고의 미술품, 조각, 가구 등을 전시할 수 있는 곳이었고 음악회, 무도회 등 온갖 여흥도 여기서 즐길 수 있었다. 이 방은 식사 용도로는 사용되지 않았으므로, 섬세한 직물로 된 벽지를 붙일 수

{13} salon은 프랑스어이며, '홀'을 뜻하는 이탈리아어 sala에서 유래했다. – 옮긴이
{14} aspe, 하나의 건물이나 방에 부속된 반원 또는 반원에 가까운 다각형 모양의 내부 공간. 후진後陣이라고도 한다. – 옮긴이

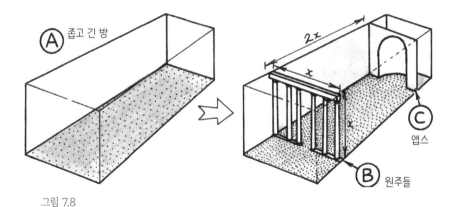

A 좁고 긴 방

2x

x

x

C 앱스

B 원주들

그림 7.8

18세기에 새로 지은 컨트리 하우스의 중요한 방들에는 단일 정육면체나 이중 정육면체 형태가 선호되었다. 그러나 기존 저택을 수리하는 경우 벽을 옮기면서까지 이런 비례를 만드는 것은 별로 실용적이지 않았다. 로버트 애덤은 런던의 손 하우스에서 좁고 긴 방(A)을 개조해야 했는데, 그는 일종의 칸막이 구실을 할 원주들(B)과 앱스(C)를 삽입함으로써 그 사이의 공간을 이중 정육면체로 만들었다.

있었고, 벽지 위에 그림을 걸었다. 19세기가 되자 많은 살롱이 그림 갤러리에 지나지 않게 되었으며, 실제로 갤러리로 불렸다. 춤과 대규모 모임이 무도실에서 열리게 됨에 따라 살롱은 박물관과 더욱 비슷해졌다. 전시된 수집품들에 더 많은 빛을 비추기 위해 살롱 천장에 유리 패널을 끼우기도 했다.

응접실

중세 시대의 솔라가 발전해 더욱 사치스러운 그레이트 체임버가 됨에 따라, 주인을 위한 별도의 침실이 그레이트 체임버 옆에 지어졌

그림 7.9

조지 시대의 응접실. 식사실보다는 색조가 훨씬 밝으며 덜 공식적인 분위기를 풍긴
다. 게임을 위한 작은 탁자, 특히 카드놀이 탁자는 매우 인기가 있었다.

다. 이 두 방 사이에는 문간방이 마련되었는데, 아직 거실이 생기기 전
에 주인이 사적으로 식사를 할 수 있는 방이자 하인이 짚 매트를 깔고
자면서 주인의 침실을 지킬 수 있는 공간이었다. 이 작은 방은 휴게실
withdrawing room이라 불렸다.

16세기 말과 17세기 초가 되면, 이 방은 주인이 가장 좋아하거나
가장 값어치가 있는 미술품을 보관하는 개인 거실에 가까워졌다. 그
렇지만 바로크 양식 저택에서는 이 방이 의전용 큰 방에 딸린 일부였
고, 거의 항상 살롱과 침실 사이에 배치되어 있어 친밀한 방이 되었다.

따라서 살롱이나 홀보다 천장이 낮은 경우가 종종 있었는데, 섬세한 직물로 벽을 도배하고 창문에는 장식 덮개가 있는 커튼을 달았다(방 전체에 장식 덮개를 다는 것이 유행하기 전이었다). 응접실은 여성적인 공간으로 여겨졌다. 남성들이 식사실에서 담배를 피우고 술을 마시는 동안, 여성들은 오늘날 흔히 응접실drawing room이라고 부르는 방으로 물러나 있곤 했다. 이 방의 역할은 모호해서, 카드놀이를 위한 탁자나 물레, 또는 피아노가 있는가 하면, 종종 음악이 장식 테마로 쓰였다.

섭정 시대를 거치는 동안 응접실이 점점 비공식적인 성격을 띠게 되면서, 의자들을 벽에 기대어 늘어놓기보다는 둥글게 모아놓았다. 아울러 벽난로 위에 거울을 걸어놓는 프랑스식 유행이 인기를 끌게 되었고, 소파에 천을 씌우고, 커튼 위에는 주름을 잡은 커다란 장식 덮개를 씌워 더욱 편안하고 고급스러운 느낌을 주었다. 응접실은 19세기에도 가벼운 장식과 여성적인 느낌으로 여성적인 역할을 계속 유지했다. 많은 저택에서 응접실은 가장 좋은 방 또는 가장 좋은 위치를 차지한 방이 되었다.

침실

16세기에 저택 소유주들이 사생활을 더욱 중시하게 되면서 별도의 침실이 흔해졌다. 침실 덕분에 주인은 밤이면 식솔들과 분리되어 지낼 수 있었지만, 그래도 침실은 여전히 친구들과 손님들을 받을 수 있는 공적인 공간이었다. 당당히 침실을 차지한 네 기둥 침대는 저택 안의 가구 중에서는 가장 값비싼 단일 품목이었다. 침대 커튼은 웃풍

그림 7.10

대형 침실. 네 기둥 침대가 있는 벽감을 나머지 공간과 분리하기 위한 난간이 있다. 침대 왼쪽으로 사적인 수면실로 통하는 문간이 보인다(침실 난간의 유행은 금방 지나갔기 때문에 오늘날까지 남아 있는 것은 드물다).

을 막아주고 하인들로부터 주인의 사생활을 지켜주었다. 침대는 보통 방에서 창문의 맞은편에 배치되었으며, 창문과 침대 사이의 벽에는 화장대가 놓였다. 주인은 이 방에서 옷을 갈아입고, 씻고 목욕하곤 했지만, 17세기 말에는 이런 용도를 위한 별도의 공간이 생기면서 기존의 화장대는 오히려 전시품에 가까워졌다.

이 시기 규모가 큰 바로크 양식 저택에서 의전용 침실은 엔필레이드(병렬 배치)의 끝, 살롱과 응접실 다음에 있었지만, 앞의 두 방만큼 장식이 화려하지는 않았다. 네 기둥 침대를 두는 위치에도 유행이 있어서 침대를 난간 뒤쪽에 두기도 하고, 원주를 세워서 공간을 구분한 벽감 안에 두기도 했다. 이렇게 침대를 나머지 공간과 분리하면 방이 깔끔하게 유지되어 낮에는 침실을 다른 용도로 쓸 수 있었다. 이런 배치 덕분에 화려한 침대로 물러나는 행렬의 위엄은 그 절정에 이르렀다(그러나 벽감 옆면에 숨겨진 문이 있는 침실도 있어 주인은 의식이 끝나면 더욱 사적인 침대로 빠져나가기도 했다).

19세기에는 주요 방들이 1층에 배치되기 시작했고, 따라서 침실은 위층으로 옮겨졌다. 그러나 나이가 많거나 병약한 식구의 침실은 1층에 두는 것이 일반적이었다. 새로 짓는 침실은 예전의 으리으리한 침실보다는 크기가 작은 경향이 있었다. 그러나 빅토리아 시대 상류층은 소규모 가족 집단끼리 지내기보다는 많은 손님을 불러 큰 파티를 즐길 때가 많아서 침실 수는 더 많아졌다.

옷방

17세기 말쯤에는 침실 옆에 별도의 옷방이 마련되었다. 남성들의 옷방은 캐비닛cabinet으로 불렸다. 윌리엄 3세가 대신들 가운데 최측근을 만났던 곳도 캐비닛이었고, 지금도 캐비닛이라는 단어는 정부의 고위 각료들을 가리키는 '내각'을 뜻하는 말로 쓰인다. 이런 방들은 대개 침실보다 천장이 낮았으므로, 보통은 구석에 있는 벽난로와 동양적인 미술품, 작은 그림 등으로 장식하곤 했다. 18세기 말에는 부두아boudoir라고 불리는 여성용 옷방이 유행했다. 부두아는 부인들이 바느질을 하거나 책을 읽을 수 있는 사적인 거실이었으며 시간이 지나면서 점점 더 사치스러워졌다. 한편 대형 침실은 위층으로 옮겨지면서 보통의 침실이 되었는데, 그런 침실에 붙어 있는 남성용 캐비닛은 간단히 드레싱 룸dressing room이라 불리게 되었다.

대형 침실이나 옷방 옆에 딸려 있던 또 하나의 작은 방이 클로짓closet이었다. 이 방은 실내 변기{15}를 놓는 곳이었다. 중세 초기에 저택의 주인은 그레이트 체임버에서 요강을 사용하곤 했다. 반면에 나머지 식솔들은 별도의 변소를 사용했는데, 이는 바닥까지 곧장 이어지는 높은 확장부 공간에 구멍 뚫은 판자로 간단히 변좌를 만들어놓은 작은 방이었다. 이 방의 아래쪽이 땅이면 나중에 흙을 퇴비로 사용할 수 있었고, 해자가 있는 경우에는 곧장 물로 떨어지게 되어 있었다.

16세기 컨트리 하우스에는 실내 변기를 둘 수 있는 별도의 클로짓이 있기는 했지만, 햇빛도 들지 않고 환기도 안 되는 찬장 크기의 비좁은 방에 지나지 않았을 것이다. 이 방을 사용해야 하는 고관대작도 썩 기분이 좋지는 않았겠지만, 주인이 볼일을 본 다음 오물이 가득 찬 요강을 들고 그 큰 저택을 걸어가야 했던 가엾은 하인은 더욱 딱했을 것이다.

17세기 말에 이르면 클로짓은 예전보다 더 커져서 사적인 피난처에 가까워졌고, 주인은 베니어판, 심지어는 벨벳 시트를 씌운 더욱 호사스러운 변좌에 앉기를 기대할 수 있었다. 그러다가 18세기 말부터 수세식 변소가 발달하면서 클로짓은 과거의 유물이 되었다.

{15} close stool, 기본적으로는 경첩으로 뚜껑을 달아놓은 실내 요강. – 옮긴이

그림 7.11 : 리틀 모어턴 홀, 체셔주

건물 정면에 돌출된 변소 확장부. 이후의 저택에서는 결코 허용되지 않았던 것이다. 오른쪽 그림은 변소로 쓰인 클로짓 내부를 보여준다. 구멍은 곧장 아래쪽의 해자로 통한다.

롱 갤러리

엘리자베스 시대 사람들은 영국 날씨의 한계를 잘 알고 있었다. 이들은 수많은 유리창을 통해 햇빛이 들어오는 아주 기다란 방을 만들어서 레크리에이션 용도로 사용할 수 있게 했다. 이렇게 만들어진 롱 갤러리는 16세기 중반부터 17세기 중반까지 비교적 짧은 기간 유행하다 사라졌다. 그러나 이후에 개조와 변경을 거친 뒤에도, 길고 좁은

그림 7.12 : 리틀 모어턴 홀, 체셔주

이 장대한 롱 갤러리는 남쪽 날개 건물의 맨 위층에 자리 잡고 있다(그림 1.1 참조). 벽널 뒤에서 17세기 초의 공 두 개가 발견된 것을 보면 여기서 진짜 테니스를 쳤던 것으로 보인다.

그 독특한 형태는 많은 컨트리 하우스에서 여전히 볼 수 있는 주목할 만한 특징으로 남아 있다.

롱 갤러리는 길이가 46미터나 되는 것들도 있으며, 적어도 두 면의 벽은 온통 유리로 되어 있고, 나머지 벽에는 목재 벽널이 대져 있었다. 바닥에는 기다란 판자로 마루를 깔아놓아 사람들이 산책하듯 거닐면서 경치를 감상할 수 있었다. 롱 갤러리에서는 온 가족이 스포츠를 즐길 수 있었는데, 진짜 테니스 같은 스포츠나 당구를 포함한 게임, 기다란 셔플보드 위에서 반 페니 동전을 미는 게임 등을 주로 했으며,

심지어 초기의 덤벨이나 운동용 의자를 가지고 운동도 했다. 교육적인 목적으로 사용된 롱 갤러리도 있었다. 기다란 한쪽 벽면에 중요한 고관대작의 초상화를 나란히 걸어놓기도 하고, 숨은 의미가 있는 상징들을 회반죽 벽면에 새겨넣기도 했다.

그러나 이 방의 형태는 후기 바로크 저택에 편안하게 어울리지 않았다. 18세기에 일부 롱 갤러리가 미술품 수집이나 춤, 그리고 만찬 후의 담소를 위한 공간으로 지어지기는 했지만, 오늘날 남아 있는 롱 갤러리 중 다수는 서재나 그림 갤러리가 되었다. 빅토리아 시대에 이르면 흔히 그랬듯이, 롱 갤러리의 역할은 그보다 작은 여러 개의 방이 대신하게 되었다. 이제 어린이들은 놀이방에서 놀았으며 남성들은 당구실에서, 여성들은 그들만의 부두아나 응접실에서 시간을 보냈고 시사 토론은 서재에서 벌이고 춤은 무도장에서 추게 되었다.

서재

르네상스 시대에 인문학을 공부하던 젠트리들은 책을 모으기 시작했겠지만, 이 귀중한 책들을 특정한 한 장소에 보관하게 된 것은 17세기에 들어와서였다. 수집한 책들은 보통 클로짓에 보관되곤 했다(오늘날 화장실에 한 권의 책이나 신문을 두는 것이 그다지 새로운 아이디어는 아니다!). 당시 서재는 남성들의 전유물로 여겼으므로 초기 서재들은 종종 클로짓 옆에 만들곤 했다. 조지 시대에는 예술과 정치에 대한 지적 갈증의 영향으로 책 수집이 하나의 유행이 되었다. 따라서 문헌들이 중요해지자 서재는 공식적이고 중요한 방으로 격상되었고, 나중에는 점점 온 가족이 사용

그림 7.13

초기의 서가는 귀중한 책들을 보호하기 위해 유리문이 달려 있었다.

하게 되면서 편지를 쓰거나 카드 놀이를 하거나 손님들과 모임을 하는 방이 되었다.

18세기 중반부터는 개방형 서가가 인기를 끌면서 이전의 유리문 달린 캐비닛을 대체했다. 한편 18세기 후반기에 영국의 역사와 문학에 대한 관심이 고조되자 이에 영향을 받은 고딕풍 서재가 유행했다.

예배당

중세 영국의 일상생활에서는 종교가 매우 중요했으므로 예배당이나 교회가 없는 것은 생각할 수도 없었을 것이다. 그리고 영주와 식솔들에게는 예배를 드리기 위한 두 공간이 모두 있어야 했다. 영주는 매일의 기도를 드릴 때면 사적인 예배당을 사용했지만 일요일에는 꼬박꼬박 가족과 식솔들과 함께 근처의 교구 교회에 참석했기 때문이다. 더욱 큰 저택 내의 예배당에는 영주와 그 가족을 위한 편안한 위층 회랑이 있었고, 사적인 방들을 통해 이곳으로 들어갈 수 있었다. 반면 식솔들은 그 아래쪽 큰 공간에서 예배를 보았다. 오늘날 남아 있는 예배당들은 보통 그 저택에서 가장 먼저 지어진 부분에 있으며, 1530년대 종교개혁 이후에 새로 지어진 것은 매우 드물다. 그마저도 많은 예배당이 나중에 고전주의 양식으로 수리되었다.

그러나 가톨릭교도들의 사정은 크게 달랐다. 영국이 무적함대를 거느린 스페인과 싸운 후, 그 여파로 박해받았던 가톨릭교도들은 더더욱 비밀리에 종교 생활을 해야 했다. 가톨릭교도들이 저택 안에 사제의 은신처를 지은 것도 이때부터였는데, 이런 상황은 17세기까지도

그림 7.14 : 배드슬리 클린턴, 워릭셔주

예배당 옆에 있는 이 성구 보관실에는 가톨릭 사제의 제의祭衣와 성기聖器가 보관되어 있다. 맞은편 벽에는 소박해 보이는 상자 하나와 십자가가 놓여 있다. 그러나 그 상자 뒤에는 1591년 이 저택이 급습당했을 때 사용되었던 사제 은신처로 이어지는 비밀 통로가 있다. 그 은신처가 실은 예전에 변소로 쓰던 수직 통로였음을 가톨릭 사제들이 알았다면 거기로 몸을 피해야 할지 망설였을 것이다!

계속되었다. 그들은 아들을 해외로 보내 사제가 되도록 했다. 그 아들은 비밀 선교사가 되어 돌아와서는 종종 확고한 지지자의 외딴집을 근거지로 삼아 활동했다. 따라서 무시무시한 추적자(사제 사냥꾼)가 문을 두드릴 때를 대비해 기발한 은신처가 필요했는데, 많은 컨트리 하우스에는 오늘날까지도 비밀 통로나 비밀 방들이 남아 있다.

18세기 말에 이르러 반反가톨릭 감정이 수그러들면서 가톨릭교도들이 예배당을 가지는 것이 허가되었다. 아마도 방을 개조한 것에 지나지 않았겠지만, 그래도 외부에서 예배당이 보여서는 안 되었다. 가톨릭교도들은 1829년 가톨릭교도 해방령이 선포된 후에야 비로소 새로운 예배당과 교회를 지을 수 있었다.

그림 8.1

19세기 초 컨트리 하우스의 지하에 있던 주방 풍경. 살림 공간의 중추였던 이 공간의 주요 구성 요소는 불 조절이 가능한 개방형 레인지(왼쪽)와 찬장, 그리고 식탁이었다.

8장

아래층의 방 둘러보기

 : 주방, 식기실, 유제품 제조실 :

컨트리 하우스 주인으로서는 웅장한 건물과 호화로운 장식으로 손님들을 들뜨게 만드는 것도 중요한 일이었지만, 후하게 대접했다는 긍정적인 인상을 주기 위해 그들을 배불리 먹이는 것도 그에 못지않게 중요한 일이었다. 중세 영주들은 전체 수입의 절반에서 4분의 3 정도를 음식과 마실 것에 썼다고 알려져 있다. 심지어 빅토리아 시대에 들어와서도 대저택 주인들은 영지에서 생산된 원재료를 가져오고, 또 한편으로는 이국적인 온갖음식을 접대하느라 전문적인 일꾼들과 특수한 건물들을 유지하는 데 엄청난 돈을 썼다. 오늘날 컨트리 하우스에 남아 있는 살림 공간의 비품과 배치는 대부분 이 시기의 것이다. 20세기에 접어들면서 식품과 가정용품은 지역 도매상에게 공급받는 경우가 점점 늘어났고, 따라서 원재료를 가공하기 위한 공간은 갈수록 필요성이 줄어들었다. 결국 살림 공간의 많은 부분이 쓸모없어지거나 다른 방으로 용도 변경되었다.

이런 방들을 사용하는 사람들의 지위와 구성 역시 시대를 거치며 달라졌다. 흔히 하인이라고 하면, 검정이나 흰색 제복 차림에 고용주에게 직접 말을 거는 법 없이 조심스럽게 일하는 사람들을 떠올리겠지만, 이들의 엄격한 위계 구조는 비교적 늦게 생긴 것으로 초기의 구성 형태와는 거리가 멀다. 중세의 식솔은 위로는 기사부터 아래로는 지역 소작농에 이르기까지 모두 남성으로 구성된 공동체였으며 영주를 위해 일하면서도 영주의 식탁에서 먹고 마시는 이들이었다. 그러나 더 많은 사생활을 보장하는 방향으로 삶의 형태가 바뀌게 되자이런 구성은 서서히 무너지기 시작했다. 18세기에 이르면 컨트리 하우스 살림의 기관실에는 남녀 하인이 골고루 있었고 저장, 제조, 요리, 청소 등 살림의 온갖 측면을 포괄하는 더 넓은 범위의 특수한 방들이 생겨났다. 그러다가 빅토리아 시대의 저택에 와서야 비로소, 오늘날 우리가 텔레비전 시대극을 통해 익숙해진 것처럼 규칙과 규정을 엄격히 따르는 하인들의 구조가 정점에 이르렀다.

주방

주방은 살림 공간에서 가장 중요한 방이자 나머지 방들을 배치할 때 중심이 되는 곳이었다. 컨트리 하우스에서 주방의 위치는 주로

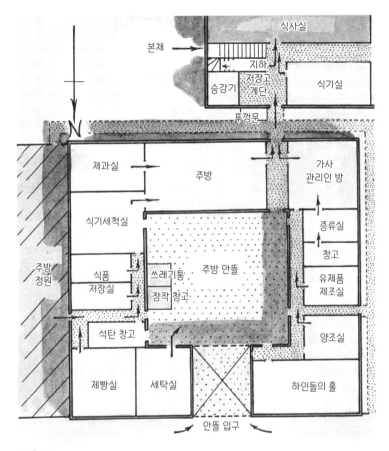

그림 8.2

19세기 한 컨트리 하우스의 주방 안뜰을 둘러싼 살림 공간 배치. 화살표는 식자재가 들어오고, 완성된 식사가 식사실로 나가는 방향을 제시한 것이다. 빅토리아 시대 사람들은 인간 공학에 대한 실질적인 이해를 바탕으로 살림 공간의 배치를 계획한 최초의 사람들이다. 각 방은 제조 과정이 순조롭게 이루어지도록 신중히 배치되었으며, 식기실과 가사관리인의 방은 일꾼들과 귀중한 물품들을 다 같이 주시할 수 있는 곳에 있었다.

그림 8.3 : 스탠턴 하코트 매너, 옥스퍼드셔주

영국에 남아 있는 몇 안 되는 중세 주방 가운데 하나다. 홀과 거실로 이어지는 지붕 있는 통로(펜티스 pentize)가 있으며 원뿔 지붕 바로 밑에는 연기가 빠져나가는 비늘창이 있다.

화재 안전과의 끊임없는 싸움, 그리고 요리할 때 발생하는 냄새 제거를 염두에 두고 결정되었다. 주방은 냄새나고 시끄럽고 위험한 곳이었고, 따라서 어떤 영주도 식사실 바로 옆에 주방을 두는 것을 꺼렸다. 중세 저택에서 가장 초기의 주방들은 목재 골조나 석재 구조였으며, 대체로 정사각형 평면 위에 뾰족한 지붕을 올려 꼭대기에 비늘창을 낸 형태였다. 혹시라도 주방에 불이 났을 때 저택의 중심 홀이 소실되는 위험을 줄이기 위해 주방은 별도의 건물에 있었다. 이 주방에서 음

그림 8.4

17세기의 주방. 금속으로 된 장작 받침쇠에 장작을 넣어 불을 붙이고, 걸쇠(B)에 꼬치(C)를 걸어 음식을 익힌다. 태엽 장치로 꼬치 바퀴(D)를 돌리지만, 이 시기에는 아마도 어린 소년들이 바퀴를 돌리는 일이 많았을 것이다. 고깃덩이에서 떨어지는 기름을 받기 위해 아래에는 쟁반을 놓았다(E). 나머지 음식은 레일(F)에 걸어놓은 냄비에서 익히며, 여분의 꼬치는 화로 위에 비치해두었다(G). 구석에는 제빵 화덕(H)이 있고 스토브(I) 아래쪽에는 땔감이 보관되어 있다(J). 스토브에 있는 틈새 구멍(K)을 통해 공기가 들어가게 되어 있어 그 위쪽 둥근 석쇠에 놓인 숯이 계속 타게 해준다(현대식 바비큐와 같다). 화구 위에 금속 삼발이나 크레인(L)에 걸어놓은 냄비들은 음식을 부드럽게 익히는 용도였다. 시대를 막론하고 컨트리 하우스 주방에서 나타나는 특징은 식사를 준비하는 커다란 중앙 탁자(M)이다.

그림 8.5

빅토리아 시대의 주방. 왼쪽으로 구식 벽난로 안에 밀폐형 레인지가 설치되어 있고,
맞은편 벽에는 개방형 레인지가 그대로 남아 있다. 그 앞쪽으로는 꼬치 돌리개로
돌아가는 꼬치가 있다. 주방은 저택의 기관실 역할을 했으며 나머지 살림 공간과
함께, 가족과 손님들에게 맛있고 설레는 음식들, 그리고 으레 따라나오는 온갖 과
시품들을 순조롭게 제공하는 데 중점이 주어져 있었다.

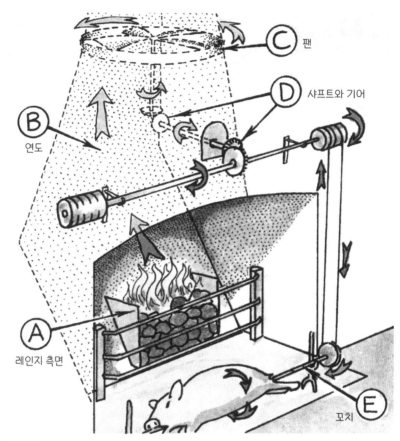

그림 8.6

구이용 레인지와 꼬치 돌리개의 도해. 작은 점으로 채워진 부분은 굴뚝 안에서의
작동 원리를 보여준다. 레인지의 양쪽 측면(A)을 조정해 불 세기를 조절할 수 있다.
앞쪽의 꼬치는 꼬치 돌리개로 돌아가는데, 연도(B)를 타고 올라간 연기가 위쪽의
팬(C)을 회전시키면 거기 연결된 샤프트와 기어(D)가 회전하고, 다시 벽난로 위의
수평 막대와 그 끝의 도르래를 통해서 아래쪽의 꼬치(E)가 돌아가게 되어 있었다.

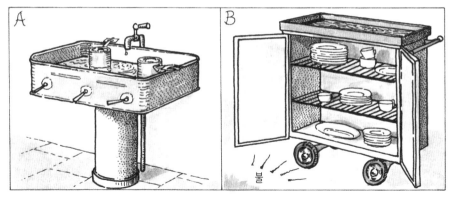

그림 8.7

(A) 소스를 만들거나 따뜻하게 데우기 위해 뜨거운 물을 채우도록 고안된 중탕 냄비인 벵 마리bain marie. 안에 놓인 구리 냄비의 내용물을 식별할 수 있게 냄비 손잡이에 꼬리표를 달아놓았다.

(B) 금속 문이 달린 온열 트롤리. 바퀴를 밀어 불 앞에 놓으면 안에 든 그릇을 데울 수 있고 동시에 그 뒤에서 일하는 하인들이 레인지에서 뿜어지는 엄청난 열로부터 보호받을 수 있었다.

식을 내갈 때면 지붕이 있는 통로를 따라 주방 복도를 거쳐 저택 안으로 들어간 다음, 홀을 지나 데이스, 또는 영주의 개인 방까지 올라가야 했고 그런 후에야 식솔들의 음식을 내갔다.

그러나 튜더 왕조 시대의 주방은 종종 본채에 포함된 한 부분이었다. 대개는 안뜰 주변의 방 가운데 하나이거나, 또는 홀의 한쪽 끝에 있는 살림 공간에 배치되었다. 주방의 벽은 석회를 얇게 칠한 회반죽 벽인 경우가 많았고, 바닥에는 돌이나 벽돌을 깔고 짚이나 골풀을 덮었다. 넓은 벽난로 안에는 고기를 굽는 용도의 화덕이 설치되었고, 아치형 개구부가 있는 제빵용 화덕은 근처의 벽 안쪽에 만들어졌다.

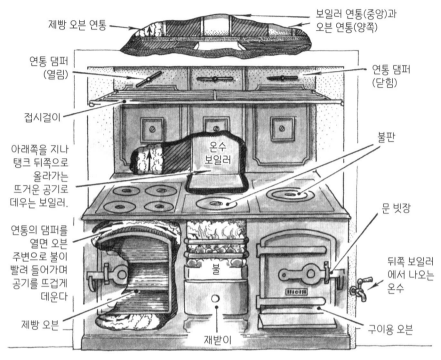

제빵 오븐 연통

보일러 연통(중앙)과
오븐 연통(양쪽)

연통 댐퍼
(열림)

연통 댐퍼
(닫힘)

접시걸이

아래쪽을 지나
탱크 뒤쪽으로
올라가는
뜨거운 공기로
데우는 보일러.

온수
보일러

불판

연통의 댐퍼를
열면 오븐
주변으로 불이
빨려 들어가며
공기를 뜨겁게
데운다

문 빗장

뒤쪽 보일러
에서 나오는
온수

제빵 오븐

불

구이용 오븐

재받이

그림 8.8

19세기의 밀폐형 레인지. 중요 부분마다 설명을 달아놓았다. 이런 레인지는 18세기
말부터 발달했다. 그때까지 쓰이던 구식의 조절식 화로에는 한쪽에 제빵용 철제 오
븐이 있고 또 한쪽에 보일러가 있었다. 빅토리아 시대에는 더욱 효율적인 밀폐형 레
인지가 널리 보급되었는데, 가운데에 불이 있고 그 위에 철제 불판이 있어서 뜨거운
연기가 곧장 굴뚝으로 빠지면서 열을 낭비하기보다는 양쪽의 오븐으로 밀려나게 되
어 있었다. 레인지 상단의 원형 불판은 뭉근히 끓이기(구식 스토브를 대체한다) 위
한 약한 열을 내는데, 철로 된 중심부를 들어내면 더욱 센 불로 음식을 익힐 수 있
다. 한편 불 뒤쪽으로는 온수 보일러를 내장할 수 있었다.

그림 8.9

레인지의 개방된 부분 앞에 놓는 독립형 구이용 오븐. 곡면에서 반사되는 열이 고기를 익히는 동안 꼭대기에 있는 태엽 장치로 고기를 회전시킨다.

그리고 소스 같은 섬세한 요리를 끓일 수 있는 숯 화로도 있었다. 몇몇 저택에는 커다란 솥에서 스튜나 육수를 만들거나 고기를 삶을 수 있도록 삶기 전용 건물을 별도로 짓기도 했다. 주방에는 음식 준비를 위한 식탁이 있기는 했지만, 보관해야 할 요리 기구와 도구가 별로 없었기 때문에 나머지 가구는 제한적이었다.

이때까지도 컨트리 하우스의 의전 영역과 살림 영역은 엄격히 구분되지 않은 채 열려 있었으나, 17세기에는 하인들의 움직임이 위층의 가족과 손님들의 눈에 띄지 않도록 주방을 지하로 옮기는 경우가 점점 많아졌다. 일부 주방은 화재의 위험을 줄이기 위해 석조 볼트 천장

그림 8.10

19세기의 칼갈이. 꼭대기에 있는 구멍에 연마제 가루를 부어 넣는다. 그런 다음 그 옆의 구멍에 칼을 집어넣고 손잡이를 돌리면, 펠트 패드가 회전하면서 안쪽의 칼날이 반짝반짝 광이 나도록 갈아준다.

을 올렸다. 한편 장작보다 석탄을 구하기가 더욱 쉬워지면서 석탄을 모아두는 높은 쇠바구니가 있는 개방형 레인지가 처음 등장했다.

후기 팔라디오 양식 저택에서는 주방의 위치가 다시금 옮겨져 이번에는 따로 떨어진 별관이나 날개 건물 내에 자리를 잡았지만, 집사의 방이나 재산관리인의 방, 귀중한 맥주와 와인 저장고 같은 남성의 지배 영역은 대부분 본채 밑에 남아 있었다. 일부에서는 여전히 커다란 화로가 쓰이고 있었지만, 대부분의 주방에는 기계식 꼬치와 요리판이 달려 더욱 정교해진 구이용 레인지가 한쪽 면을 차지하고 있었다. 가끔 주방 벽을 파랗게 칠하기도 했는데, 파란색이 파리를 쫓아준다고 믿었기 때문이었다.

오늘날 컨트리 하우스 투어에 등장하는, 이상하고 정교한 장비가 가득한 거대한 주방은 보통 19세기의 산물이다. 빅토리아 시대 초기에는 마을 사람들이 공장에서 일하기 위해 대거 시골을 떠남에 따라 일꾼을 계속 두는 것이 어려워졌고, 따라서 집안의 숙녀가 주방 살림에 점점 더 많이 관여하기 시작했다. 이로 인해 많은 저택에서는 계단 밑 살림 공간의 수준이 개선되었고, 주방 안뜰을 중심으로 신중하게 설계한 살림 공간이 저택의 뒤쪽이나 옆쪽에 생겨났다. 새로운 주방에는 새로운 주철 레인지, 수도, 더 나은 환기 장치, 그리고 시간을 절약해주는 수많은 기기가 설치되었는데, 모두 더 편리하고 더 위생적인 삶을 위해 설계된 것들이었다.

벽은 여전히 얇게 석회를 바른 벽이어서 흰색이거나 누렇게 바래 있었지만, 개수대와 레인지의 뒷벽에는 유약을 바른 흰색 타일을 덮었고, 때로는 나머지 벽도 일정 높이까지 타일을 덮었다. 주방은 종종 천장이 높았기 때문에 창문이 높거나 천장에 있기도 했는데, 환기를 위해 창문을 열 때는 막대기를 사용했다.

찬장에는 이제 '바트리 드 퀴진'{16}으로 알려진 방대한 도구와 팬, 그리고 젤리를 좋아하는 빅토리아 시대 사람들을 위해 만든 이상한 모양의 많은 틀이 보관되어 있었다. 음식이 들어 있는 솥이나 온열 찬장에 보일러 증기로 압력을 가할 수 있었으므로 스팀 쿠킹 같은 새로운 테크놀로지가 주방에 등장하기 시작했다. 그러나 보통 주방의 중심을 지배하고 있었던 것은 식사 준비를 위한 커다란 나무 탁자였다. 탁자는 종종 전나무로 만들어져 있었고 이 탁자 주변에는 하인들이 밟고 서 있을 수 있는 널빤지가 있었다.

{16} batterie de cuisine, 주방 도구 일체, 원래는 두드려서 형상을 만든 구리와 황동 제품들을 뜻했다. – 옮긴이

제빵실, 제과실, 증류실

대저택에는 몇몇 요리나 식사 준비를 위한 별도의 방이 만들어졌다. 이런 방 가운데 하나가 빵, 케이크, 비스킷 등을 만드는 제빵실 bakehouse이었다.

밀가루 먼지와 오븐의 냄새가 실내로 들어가지 않도록 제빵실은 별도의 블록에, 또는 적어도 본채와 최대한 떨어진 곳에 두는 것이 이

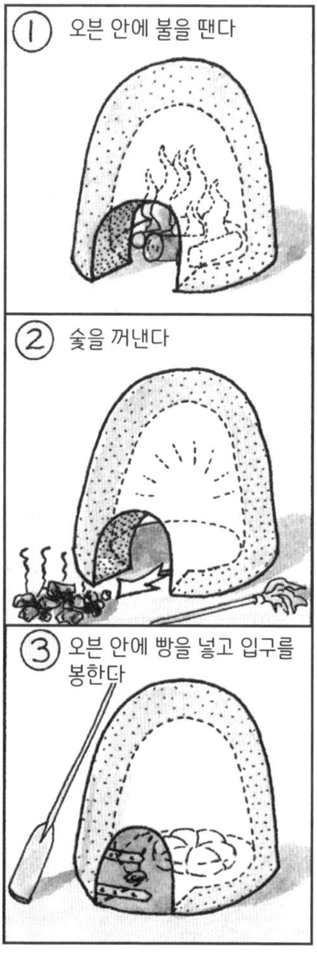

① 오븐 안에 불을 땐다

② 숯을 꺼낸다

③ 오븐 안에 빵을 넣고 입구를 봉한다

그림 8.11

벌집 모양의 오븐. 우선 장작이나 석탄, 또는 지역에서 나는 연료를 오븐 안에 넣어 고온에 이를 때까지 불을 땐다. 그런 다음 숯이나 재를 꺼내고 반죽을 집어넣은 뒤, 입구를 봉해서 빵을 굽는 방식이다. 나중에 등장한 벽돌형 오븐은 벽 안쪽으로, 보통은 불 옆에 독특한 아치형 문이 있었다.

그림 8.12

19세기에 코디얼 워터를 만들 때 사용했던 증류 장치를 보여주는 그림. 아궁이(A)에서 불을 때 증류기(B) 밑바닥에 액체 상태로 섞인 꽃잎이나 허브 혼합물을 가열한다. 위로 올라간 증기는 가느다란 관을 타고 흐르다가, 차가운 물을 채운 응축기worm tub(C) 안의 나선형 관에서 응결된다.

상적이었고, 그런 위치에 있으면 식재료와 연료를 배달하기도 쉬웠다. 초기의 오븐은 벽돌을 벌집 모양으로 쌓아서 작은 아치형 개구부를 낸 것인데, 이런 오븐으로 정확한 온도까지 올리려면 며칠이 걸릴 수도 있었다. 그러나 19세기에 레인지와 함께 도입된 주철 오븐보다 벽돌 오븐에서 구운 빵이 더욱 풍미가 깊었기 때문에 20세기까지도 벽돌 오븐은 다수가 남아 있었다. 그 밖에도 제빵실에는 밀가루 상자, 반죽을 하기 위한 반죽통과 벤치, 나무 주걱(빵을 들어올려 오븐에 들여놓고 꺼낼 때 쓰는 노처럼 생긴 것)이 있었다.

매우 드물긴 하지만, 제과실pastry을 따로 두었던 대저택들도 있었다. 원래는 고기파이와 페이스트리류를 만들던 방이었지만, 19세기 무렵에는 과자류, 사탕류, 타르트 등을 여기서 만들었다. 이런 방들은 종종 살림 공간 내에서도 서늘한 북쪽 면에서 발견되는데, 방안 온도를 낮추기 위해 오븐은 옆방에 두었다. 제과실에는 선반과 밀대걸이, 반죽을 밀기 위한 대리석 상판과 벤치, 그리고 밑에는 밀가루통이 있었다.

증류실stillroom은 원래 향수나 약, 그리고 꽃과 허브, 향신료로 만드는 코디얼 워터cordial water를 만들기 위한 방이었다. 중세 시대와 튜더 왕조 시대의 가정에서는 증류실이 중요한 방이었으므로 보통은 저택의 안주인이 운영을 책임졌다. 17세기 말에 이르면 증류실은 지하에 배치되었는데, 귀족이 지하의 살림 공간으로 내려오는 일이 없었기 때문에 가사관리인housekeeper이 책임을 맡았고, 따라서 종종 가사관리인의 방 바로 옆에 위치하게 되었다. 광택제, 왁스, 비누 등이 이 방에서 만들어지곤 했지만, 18세기에는 기성품 형태로 사기가 훨씬 쉬워지면서 이런 것들을 가정에서 증류하고 만드는 관습은 사라져갔다. 19세기에 증류실은 주로 절임류, 피클, 디저트를 만드는 방으로 쓰였고, 원재료를 보관하거나 가벼운 식사를 준비할 때도 쓰였다.

유제품 제조실

유제품 제조실dairy은 살림 공간 중에서는 드물게, 호화롭게 설계하고 장식할 수 있는 방이었다. 애초에 그럴 수 있었던 것은 늦게는 19

그림 8.13

18세기 말과 19세기 초의 일부 유제품 제조실이 매우 위생적이면서도 장식적이었음을 보여주는 풍경이다. 한가운데 있는 분수에서 뿜어진 물보라는 기온을 낮게 유지하는 데 도움이 되었다. 한편 더껑이를 걷어내는 뜰채 접시, 팬, 항아리, 교유기 등은 주변의 낮은 석조 탁자 위에 놓여 있다.

세기까지도 저택의 귀부인이 이 방을 드나들면서 아무것도 첨가하지 않은 우유, 버터, 치즈 등을 만드는 걸 관리했기 때문이다. 그러나 18세기 말이 되자 저택의 신사들이 온갖 형태의 농업적 개선은 물론, 유제품을 포함해 농장에서 생산되는 제품에도 과학을 적용하는 데 관심을 가지기 시작했다.

　그 후로 유제품 제조실은 벽에 하얀 타일을 붙이고 선반을 설치하고, 바닥에는 대리석을 깔고, 일부 경우에는 방을 서늘하게 하기 위한 중앙 분수까지 있는 방으로 변모했다. 여기서 얕은 팬과 통에 우유를 붓고, 엉겨서 위에 뜨는 크림을 그물 국자로 건져냈다. 이것을 항아리에 보관하거나 통에서 휘저으면 버터와 치즈가 만들어졌다. 이 방에는 난방 파이프가 있어 겨울에도 온도를 10~12도로 유지할 수 있었고, 보통은 바로 옆에 붙은 식기세척실이나 별도의 곁방에서 도구와 팬, 접시 등을 씻게 되어 있었다. 일부 저택에서는 유제품 제조 작업이 증류실로 옮겨지면서, 유제품 제조실 자체는 단지 유제품을 저장하는 용도로만 쓰였다. 그러나 19세기부터 유제품을 외부에서 사오는 경우가 점점 늘어나자 유제품 저장고로서의 역할이 갈수록 커지게 되었다.

양조실

양조실은 또 하나의 중요한 제조실이었다. 안전하게 마실 물을 구하기 쉽지 않았던 시절에는 아침식사부터 매 끼의 식사 때 맥주를 마셨다. 커다란 솥을 들여놓아야 했기 때문에 양조실은 천장이 높았고, 보통 환기를 위한 비늘창이 높은 곳에 있어 쉽게 구별되었다. 양조실은 되도록 접근성이 좋은 곳에 있어야 했다. 맥아와 홉을 뚜껑문까지 운반해 저택 지하의 맥주 저장고와 이어진 활송 통로로 보내야 했기 때문이다.

만들어진 맥주는 용도에 따라 도수가 달랐는데, 약한 맥주 즉 식사용 맥주는 마지막 세 번째의 맥아 혼합물에서 나온 묽은 맥아즙으로 만든 것으로, 오늘날 우리가 청량음료를 마시듯 가볍게 마시곤 했

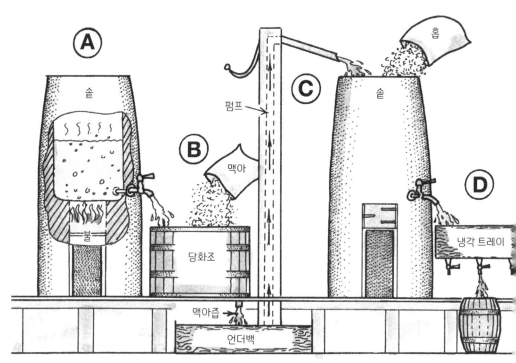

그림 8.14

기본적인 양조 과정을 보여주는 그림.

(A) 커다란 솥에 물을 넣고 끓는점 바로 아래까지 가열한다. 물탱크 바로 아래 불이 있고, 그 밑에는 재를 치우기 위한 문이 달려 있다.

(B) 데워진 물이 당화조 안으로 부어지면 맥아를 추가해 맥아즙을 만들고, 이것은 다시 그 밑에 있는 언더백underback 안으로 부어진다.

(C) 맥아즙을 원래의 솥 안이나, 이 그림에서처럼 펌프를 사용해 두 번째 솥 안으로 퍼올려서 홉을 넣고 끓인다.

(D) 마지막 혼합물을 냉각 트레이에 받았다가 저장을 위해 술통 안에 넣는다.

다. 에일이라고 불리는 중간 도수의 맥주는 두 번째 혼합물에서 나온 즙으로 만들었고 강한 에일, 즉 맥아주는 첫 번째 혼합물에 여분의 맥아를 추가해 만든 것이다. 이런 에일은 보통 그 집안의 상속인이 태어난 날 같은 특별한 경우에 만들었는데, 이때 에일을 병에 담아 그가 성년식을 맞이하는 날까지 보관했다.

식기세척실

식기세척실{17}은 접시와 식기 및 조리 도구를 씻는 설거지 공간이었다. 그러나 컨트리 하우스에서 식기세척실은 훨씬 다용도로 사용되어 채소 껍질 벗기기, 다지기, 씻기, 구이용 고기 준비하기, 생선 내장 손질하기 등 온갖 지저분한 작업이 여기서 이루어졌고, 따라서 보통은 주방 바로 옆에 있었다. 개수대는 창문 바로 앞에 두는 걸 선호했는데, 그릇과 도구를 깨끗이 설거지하려면 채광이 좋아야 했기 때문이다.

초기의 개수대는 돌을 깎아 만들거나 나무 함지박 안에 납을 댄 것이었다. 19세기에 접어들면서는 도기나 도자기로 된 개수대가 많이 쓰였는데, 옆면에 목재 배수판이 있고 위에는 접시꽂이가 있는 것이 일반적이었다. 중앙 난방수가 등장하기 전까지는 별도의 보일러나 레인지에 내장된 보일러가 필수적으로 있어야 했으며, 레인지 내장 보일러는 일부 요리를 할 때도 유용했다. 또한 차가운 물을 퍼올리기 위한

{17} 식기세척실을 가리키는 단어 scullery는 쟁반이나 접시를 뜻하는 라틴어 scutella에서 나왔다. – 옮긴이

그림 8.15

식기세척실 한 구석에 설치된 솥. 벽돌 또는 돌로 된 프레임 안의 원형 탱크에
물을 채워 가열했다.

펌프도 있었지만, 나중에는 타워 안에 올린 탱크에 물을 저장해서, 개수대 위 벽에서 튀어나온 수도꼭지까지 중력의 힘으로 물을 공급하는 체계가 등장했다.

술 보관실과 식료품 보관실

술 보관실을 가리키는 '버터리buttery'는 프랑스어에서 유래한 단어로, 'butt(밑동, 꽁초)'와 'bottle(병)'과 같은 어원에서 나온 말이다. 이 방은 맥주와 그 밖의 음료를 내가는 동안 그 통들을 보관해두는 곳이었다. 장기 저장은 보통 지하 저장고나 별도의 건물에서 이루어졌다.

또 하나의 식료품 보관실인 팬트리pantry는 라틴어로 빵을 뜻하는 panis에서 비롯된 단어로, 원래는 곡물과 빵을 보관하는 곳이었다. 따라서 식사의 주된 부분인 곡물과 빵을 쉽게 분배할 수 있도록 중세 시대 홀에서는 보통 살림 공간이 있는 쪽에 자리 잡고 있었다. 식료품 보관실을 담당하던 하인이 팬틀러pantler였던 반면, 술 보관실을 담당하던 하인은 버틀러butler였다. 버틀러라는 이름은 살아남아 '집사'라는 뜻으로 쓰이지만, 버터리 자체는 쓰임새가 줄면서 사라졌고, 그 역할은 식기실butler's pantry이 이어받게 되었다.

식기실을 일반 팬트리와 혼동해서는 안 된다. 팬트리는 후대의 저택들에서도 계속 나타나는데, 빵은 물론 유제품과 조리가 끝난 일부 요리를 보관하는 방이었다. 빅토리아 시대 저택에서는 팬트리를 일컬어 종종 '건식 저장실' 즉 드라이 라더dry larder라고 불렀다.

식품 저장실인 라더와 지하 저장고

라더{18}는 원래 날고기를 소금에 절여 저장하는 별도의 건물이었다. 19세기에 이르면 저마다 특수한 용도를 지닌 수많은 라더가 생겨났다. 웨트 라더wet larder 즉 습식 저장실은 고깃덩어리를 손질하고 저장하는 곳이었다. 동물 사체를 통째로 들여오는 도축실은 따로 있었다. 건식 저장실인 드라이 라더dry larder는 팬트리와 비슷한 역할을 했다. 이름만 봐도 짐작할 수 있는 생선 저장실fish larder과 베이컨 저장실bacon larder도 생겨났다. 사냥물 저장실game larder은 사냥한 사슴이나 새들을 걸어놓기 위한, 종종 원형이나 팔각형의 독립 구조물이었다.

그러나 19세기 말에 총으로 한꺼번에 많은 새를 잡을 수 있게 되자, 더 큰 저장실이 필요해졌고 원시적인 형태의 냉장고를 갖춘 저장실도 일부 등장했다. 이런 저장실 안은 서늘해야 했으므로, 건물의 북쪽에서 종종 발견된다. 그렇지 않은 경우는 그늘을 드리워줄 처마나 식물이 벽 위에 있었는데, 한여름 날씨에는 지붕 위에 젖은 천을 던져두기도 했다. 찬바람이 들어오되 벌레는 막아주도록 창문은 부분 또는 전체를 거즈로 덮었다. 저장실 안쪽 벽은 하얀 회반죽을 칠하거나 타일을 붙였고, 벽마다 슬레이트, 벽돌, 대리석으로 된 선반이 있었다. 천장에는 고기를 매달기 위한 고리가 달려 있었으며, 어쩌면 생선이나 차가운 음식 보관을 위한 아이스박스도 있었을 것이다. 지하 저장고는 맥주와 와인 등을 장기 보관하는 곳이었지만, 나중에는 저택 살림에 필요한 엄청난 양의 석탄을 쌓아두는 용도로 쓰였다.

{18} larder, 베이컨을 뜻하는 라틴어 lardum에서 유래한 말이다. – 옮긴이

그림 8.16

목재를 사용해 팔각형으로 지은 오래된 사냥물 저장실. 컨트리 하우스의
살림 구역 바로 뒤 숲 그늘에 자리 잡고 있다.

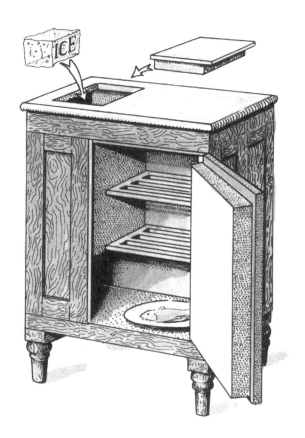

그림 8.17

생선 저장실의 한 특징이던 아이스박스. 냉장고가 등장하기
전에는 생선과 차가운 요리를 보관할 때 아이스박스를 사용
했다. 저택 영지의 얼음 저장고에서 가져온 얼음을 아이스박
스 옆쪽의 얼음통에 넣으면 납을 덧댄 내부가 냉각되었다.

하인들 방

저택 소유주 스스로가 일꾼들과 분리되고, 결국 일꾼들은 대체로 낮은 신분에 급여를 받는 하인이 됨에 따라 하인들을 위한 별도의 홀이 제공되었다. 이것은 곧 하인들이 주인과 주인을 찾아온 손님들의 눈에 띄지 않고, 대리석과 돌로 새로 지은 화려한 현관홀에서 소란 피우는 일이 없이 살림 공간에서 따로 식사를 할 수 있다는 얘기였다. 때로 공동 홀common hall이라 불리던 이런 하인 방에는 기다란 탁자 하나가 놓여 있었다. 이쪽저쪽으로 옮기며 마실 것을 나눌 수 있도록 바퀴 달린 작은 맥주 통이 있는 곳도 더러 있었다.

서열이 높은 하인들은 나머지 하인들과 같이 식사하곤 했지만, 보통은 자기만의 사적인 방으로 물러나 있었다. 식기실은 대개 저택 본채에 있었다. 이는 음식을 내가는 현장을 집사가 지휘할 수 있게 하려는 목적도 있었지만, 한편으로는 지하 저장고나 주 출입구에 드나들기가 편리했기 때문이다. 식기실에는 매일같이 사용하는 음료통, 식탁용 리넨, 그릇류, 날붙이류 등과 그것들을 깨끗이 닦을 수 있는 천이 있었고, 그리고 아마도 더 귀중한 물건들을 보관할 수 있는 벽돌 금고까지 있었을 것이다. 이 방은 집사의 사무실 겸 거실 역할도 했기 때문에 가로 세로가 겨우 3.65제곱미터 남짓한 방에 탁자, 의자, 세면대, 벽난로, 침대까지 비좁게 들어차 있곤 했다!

컨트리 하우스 내에서 여성이 중요한 역할을 맡기 시작하고 가사관리인이 처음 등장한 것은 17세기 말부터였다. 가사관리인의 숙소는 일꾼들을 지켜볼 수 있게 살림 공간 근처에 배치되었고, 문 하나는 바로 증류실로 통하게 되어 있었다. 수많은 그릇류는 이 방의 선반(나중에

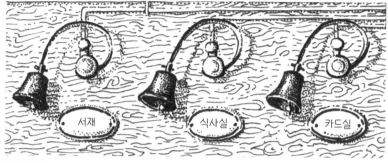

그림 8.18

식기실 근처에 나란히 걸린 초인종들은 어느 방에 시중이 필요한지를 집사에게 알려주기 위한 것이었다. 이 초인종은 관 내부의 철사를 통해 각각의 방과 연결되어 있었다. 이런 초인종이 등장하기 전까지, 하인들은 손에 들고 치는 종으로 부를 때까지 꼼짝없이 앉아서 대기해야 했다.

나온 선반들은 앞면이 유리였다)에 보관할 수 있었고, 근처에 도자기 보관실이 따로 있기도 했다. 가사관리인이 청결과 수선을 담당하는 식탁용 리넨류도 가사관리인의 방에 보관되었다. 이 방 역시 사무실 겸 거실 역할도 했기 때문에, 방의 집기들은 식기실에 있는 것과 비슷했다. 대부분의 저택에는 영지의 운영을 책임지는 재산관리인이 있었다. 보통 재산관리인에게는 그만의 방이 따로 주어졌던 반면, 요리사들은 일반적으로 사무를 볼 때는 가사관리인의 방을 사용했다.

세탁실

원래 세탁실에는 세탁물을 삶기 위한 커다란 솥 하나와 물을 퍼올리기 위한 펌프 하나가 있었다. 젖은 세탁물을 말리려면 생울타리

그림 8.19

얕은 석조 개수대와 펌프. 세탁실에서 흔히 볼 수 있었던
여러 가지 빨래 도구들이 함께 놓여 있다.

와 잔디에 걸쳐놓으면 그만이었다. 나중의 저택에는 종종 세탁실이 두
개 있었다. 습식 세탁실은 빨래하는 곳으로, 뜨거운 물을 대주는 보일
러가 있었고, 증기가 빠져나갈 수 있게 지붕에 환기창이 있었다. 한편
건식 세탁실에서는 빨래 말리기, 다림질, 빨래 개기 등의 작업이 이루
어졌다. 건식 세탁실에는 천장에서 늘어뜨린 건조대가 있었고, 레인지
나 스토브가 있어 그 위에서 다리미를 데울 수 있었으며, 시트를 덮어
다리미대로 사용하는 큰 탁자가 있었다. 이 방의 가운데는 종종 상자
형 맹글box mangle이 놓여 있었다. 이것은 크고 평평한 침대 같은 통으
로, 안에 돌을 채운 다음 아래쪽에 있는 받침판을 누르게 되어 있는데,
반쯤 마른 세탁물을 사이에 펼쳐놓고 위쪽 상자를 눌러 주름을 펴는
장치였다.

그림 9.1 : 램버스 팰리스, 런던

중세 시대와 튜더 시대 컨트리 하우스에서 때로 게이트하우스는 큰 홀에 버금가는 중요한 건물이었다. 게이트하우스는 주인의 권력과 부를 과시할 뿐 아니라, 위층에 있는 방은 그 집안 식솔 중 고참 성원이 거주하는 곳이기도 했다. 게이트하우스는 한때 정원과 영지의 필수적인 부분으로서 오늘날 본채 주변에서 찾아볼 수 있는 건물 중 하나이다.

9장

정원과 영지 둘러보기

: 테라스, 공원, 게이트하우스 :

정원

중세 시대의 성과 컨트리 하우스 내에도 정원이 구획되었다는 증거가 있다. 더러는 허브와 꽃을 가꾸기 위한 정원, 또는 놀이와 휴식을 위한 작은 정원이었던 반면, 나머지는 규모가 훨씬 컸던 것으로 보인다. 내향적이고 방어적인 건물이던 컨트리 하우스가 16세기와 17세기에 걸쳐 부를 과시하는 외향적 건물로 발전함에 따라, 정원은 저택 설계에서 중요한 부분으로 자리 잡았다. 정원은 게임과 놀이 등 여가를 위한 장소였고, 정원 잔디밭에서는 가장무도회가 열렸으며, 화단과 나무 그늘에서는 사색에 잠겨 산책을 했다. 키 작은 회양목 산울타리로 기하학적 패턴을 만든 장식 정원(일부 디자인은 엘리자베스 시대 사람들이 좋아하던 비밀스러운 상징을 나타내고 있었다)이 인기가 있었고, 해시계와 밝게 칠한 석상들, 바닥을 높인 산책로, 정원을 전체적으로 조망할 수 있는 커다란 둔덕(오늘날 정원 가장자리에서 볼 수 있는 잔디 덮인 둔덕) 역시 인기가 있었다. 종종 미로도 배치되곤 했는데, 이 시기의 미로는 낮은 산울타리로 만들어져 사람이 통로를 살펴볼 수 있었다. 높은 산울타리 미로, 정확히 말해 단일분기 경로를 가진 미로labyrinth는 나중에 발달한 것이다.

왕정복고를 맞아 돌아온 왕당파는 정원에 관한 새로운 개념들을 프랑스에서 함께 들여왔다. 낮은 산울타리를 두른 직사각형 공간 안에 다양한 꽃과 색색의 자갈을 간 화단인 이른바 파테르(parterre, '바닥에서'를 뜻하는 프랑스어)는 이전의 장식 화단보다 훨씬 더 큰 규모로 저택 앞에 뻗어 있었다. 장식 난간을 두른 테라스, 작은 폭포와 분수가 있는 기다란 직사각형 연못, 기하학적 형상으로 가지를 다듬은 토피어리 역시 이 시기 정원에서 발견되는 특징이었다.

1668년에 윌리엄 3세와 메리 2세가 공동으로 왕위에 오르면서부터는 네덜란드식 정원이 인기를 끌게 되었다. 대체로 프랑스식 정원보다 작은 네덜란드식 정원은 더욱 정교한 디테일, 커다란 화분에 심은 나무, 납으로 된 조각상들이 특징이었으며, 광적일 만큼 튤립을 많이 심었다! 단순히 잎을 감상하기 위한 관목도 많이 심었는데, 이런 관목을 '그린green'이라고 불렀고, 겨울에는 온실에 들여놓았다. 이 무렵 온실은 저택에서 흔히 볼 수 있는 건물이었고, 위층에는 정원사의 숙소가 있기도 했다. 그러나 이때까지도 식물 생장에서 빛의 중요성은 제대로 인식되지 못했다.

그림 9.2

엘리자베스 시대 컨트리 하우스의 뒤쪽 풍경. 앞에 장식 정원이 있고, 그 뒤로 미로
와 연회실(뒤 왼쪽), 그리고 계획된 정원을 내려다보면서 감탄할 수 있게 만든 둔덕
(뒤 오른쪽)이 있다.

그림 9.3 : 포이스 캐슬, 포이스주

테라스에서 내다본 17세기 말 정원의 풍경. 바로 앞에 난간과 조각상이
있다. 오른쪽에 보이는 평평한 잔디밭에는 원래 파테르(직사각형 화단)
와 기하학적 형태의 연못이 있었다. 지금은 나무가 울창한 황야(맨 오른
쪽)에는 작은 폭포와 조각상, 분수가 연못을 장식하고 있었다.

한편 정원은 저택 너머 영지로까지 확장되기 시작했다. 기하학적
패턴으로 다듬은 높은 산울타리를 배치하고, 그 안쪽을 산책하도록
한 곳을 '황야wilderness'라고 불렸는데, 오늘날 이 단어는 주로 자연적
이고 나무가 우거진 곳을 가리킨다.

18세기에는 조경 정원이 조성되었다. 이는 17세기 회화에 등장하
는 넓은 초원과 호수, 폐허가 된 성과 탑, 신전 등의 고전적인 풍경에서
영감을 얻어 발달한 것이었다. 이런 이미지를 영국의 시골로 옮기는 조
경 설계 작업은 전문적인 남성이 맡는 경우가 점점 늘어났는데, 그 가

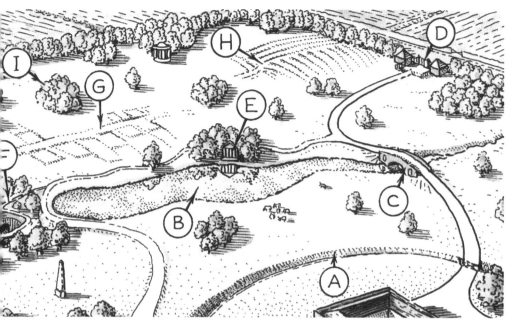

그림 9.4

18세기 조경 정원의 조감도. 오늘날 찾아봐야 할 몇 가지 특징은 표시를 해놓았다. 오른쪽 아래 구석 근처에 보이는 저택은 매몰울타리(A)에 둘러싸여 있다. 가운데에 보이는 서펀타인 호수(B)는 지역 개울에 댐을 세워 만든 것이며, 개울에는 고전 양식으로 지은 다리(C)가 놓여 있는데, 비슷하게 고전 양식으로 지은 게이트하우스 로지(D)에서부터 시작되는 주 진입로가 이 다리를 지난다. 진입로로 들어오는 방문객들은 호수를 굽어보는 장식용 신전(E)을 비롯해 눈길을 사로잡는 다양한 건물을 볼 수 있으며, 댐 위쪽에 만든 폭포 근처의 인공 암굴인 그로토(F)까지 거닐 수도 있다. 정원이 조성되면서 삶의 터전을 옮겨야 했던 예전 마을의 흔적(G)과 넓은 밭의 이랑 및 고랑의 흔적(H)은 드넓은 풀밭에 군데군데 모여 있는 덩어리나 혹의 형태로, 또는 아름드리나무들(I)의 형태로 여전히 남아 있다.

운데 가장 유명한 이가 랜슬럿 '케이퍼빌러티' 브라운Lancelot 'Capability' Brown이었다. 그가 '케이퍼빌러티'라는 이름을 얻게 된 것은 정원이 '능력'을 가지고 있다고 고객들에게 알려주는 습관이 있었기 때문이다. 이처럼 방대한 공원 같은 개인 정원을 만들기 위해 소유주는 마을을 없애고 밭을 갈아엎었다. 쫓겨난 지역 주민들은 저택에서는 보이지도 않는 곳에 새로 들어선 마을에 수용되기도 했지만, 다수는 그냥 쫓겨나서 도시로 옮겨가 새로 생긴 공장이나 제분소에서 일자리를 구했다.

그들이 떠난 땅은 대정원으로 변모했다. 완만하게 흐르는 듯 펼쳐진 대지 위에 군데군데 나무들과 커다란 서펀타인 호수(serpentine lake, 길고 굽이치는 뱀 모양의 호수)가 있었고, 빽빽한 나무들이 띠를 이루며 정원의 경계를 에워싸고 있었다. 이후로 많은 변화가 있어났지만, 원래 있던 집터와 밭터를 말해주는 둑과 도랑의 희미한 흔적은 지금까지도 많은 정원에서 여전히 볼 수 있다.

일정한 형식을 따랐던 17세기의 정원은 정해진 지점에서 걸어가는 사람의 눈에 보이도록 설계된 것으로, 곧게 뻗은 길을 따라 먼 곳까지 시선을 유도한다. 그러나 조경 정원은 마차를 타고 도착하는 손님들이 감상할 수 있도록 설계된 것이었고, 따라서 무리 지은 나무들과 눈길을 사로잡는 장식용 건물을 곳곳에 배치함으로써 방문객이 구불구불한 길을 따라 마차로 들어오는 동안, 서서히 풍경이 바뀌면서 멀리 있는 사물들이 하나씩 드러나게끔 했다. 18세기 후반에 들어서 자연과 그림 같은 풍경에 대한 심미안이 더욱 깊어지면서, 폐허가 된 정원의 특징들, 그로토(grotto, 인공 암굴), 조개껍데기를 가득 붙인 동굴, 나무껍질을 붙인 가구와 건물 등이 인기를 끌었다. 이런 대정원은 저택의 현관 바로 앞까지 이어지기도 했는데, 이는 사슴이나 가축이 어슬렁거리다 저택에까지 다가올 수 있음을 뜻했다. 따라서 동물들이 너무 가까이 오는 걸 막기 위해 매몰울타리(ha ha, 한쪽은 수직 벽이고 다른 쪽은 경사면이 되게 땅을 파서 만든 울타리)가 고안되었다.

19세기에 접어들 때쯤 귀족들은 광활하게 펼쳐진 녹색 평원에 싫증을 내고 있었다. 헨리 렙턴Henry Repton 같은 새로운 부류의 조경 설계가들은 다시금 화단과 자갈 산책로, 저택 주변의 테라스를 도입했고, 대정원에는 더욱 다양한 수종의 나무들이 빽빽하게 우거지도록 배치했다. 이런 정원 계획은 이전의 조경 정원보다는 종종 규모가 작았으므로, 그 저택의 정원이 훨씬 넓은 것처럼 보이기 위해, 눈길을 끄는 특징들은 멀리 있는 높은 대지 위에 세웠다. 외진 곳에 있는 이런 탑과 오벨리스크들은 그것들이 보이도록 의도한 저택에서 몇 킬로미터 떨어진 곳에서 발견되곤 한다.

빅토리아 시대의 정원사들은 다양한 역사적 자료와 이국적 소재에서 영감을 받았지만, 종종 정원을 구획해서 설계했다. 이들은 구역을 서로 나누어 계획적으로 심은 식물들, 연못이나 폭포, 멀리서 본 풍경, 숲 등을 따로 구분해서 배치했다. 정원 설계의 우선순위는 구조보다는 내용물에 두었고, 식물과 나무는 모여 있을 때의 효과보다는 각각의 식물이 가장 잘 돋보이는 방식으로 배치했다. 이제 전 세계에서 구해온 관목과 나무를 온실에서 키운 후 야외에 식재할 수도 있었다. 특히 만병초류와 함께 침엽수들은 컨트리 하우스 주변을 에워싸는 독특하고 빽빽한 장벽을 이루었다. 일부 나무와 관목은 수목원 조성을 위해 심기도 했다. 침엽수들만 키우는 수목원은 파이니텀pinetum이

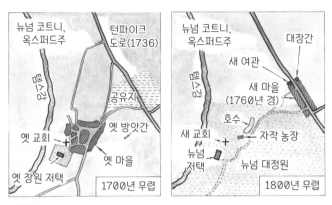

그림 9.5

옥스퍼드 남쪽 뉴넘 코트니 지도. 1700년에 장원 저택에 붙어 있던 원래의 마을(붉은색)과 100년 후 새로 조성된 마을을 보여준다. 새 뉴넘 저택과 저택의 조경 정원이 들어서느라 퇴거당한 마을은 새로 닦은 턴파이크 도로를 따라서 다시 건설되었다.

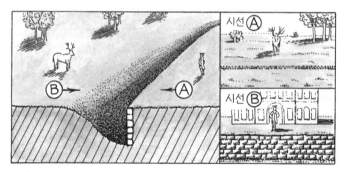

그림 9.6

매몰울타리 단면도. 풍경을 바라보는 주인의 입장(A)에서는 사실상 도랑은 보이지 않으면서 끊김이 없이 이어지는 풍경을 볼 수 있는 반면, 저택을 바라보는 사슴의 입장(B)에서는 저택에 가까워질수록 접근을 막는 벽이 보인다.

그림 9.7 : 비덜프 그레인지, 스태퍼드셔주

복원된 빅토리아 시대의 정원. 서로 다른 테마로 꾸며진 구획들이 구불구불한 오솔길과 터널로 연결되어 있다. 이국적인 나무들, 땅 위로 드러난 암석, 세계 각지의 건물에서 영감을 받아 만든 구조물 등이 제각각 특징을 이룬다.

라고 불렸다. 19세기 말에 이르러서는 바위와 야생초 정원, 관목림 정원, 양치식물 정원 등도 인기 있었다.

　　20세기가 되면서 대규모 정원사 팀을 부리는 비용을 감당하기 버거워진 소유주들이 늘어났다. 땅은 방치되어 야생 상태가 되었고 종종 만병초가 웃자라기도 했다. 농지용으로, 또는 건물 부지로 매각된 정원도 있었고 이따금 현대적인 주택 단지 안의 아름드리나무와 정원으로 등장하기도 했다. 오늘날까지 남아 있는 정원들 가운데 몇몇은 이제 원래 형태로, 또는 과거의 모습에 최대한 가깝게 복원되었다.

오렌지 온실과 식물원

17세기 말에는 화분에 오렌지 나무를 키우는 것이 유행했다. 오렌지 온실은 겨울에 오렌지 나무를 보호하기 위해 만들어졌지만, 화분을 바깥에 내놓는 여름에는 이 건물을 사교 목적으로 사용할 수 있다는 부가적인 이점도 있었다. 초기의 오렌지 온실은 종종 테라스 안에 짓고 정면에 창문을 일렬로 노출한 형태였다. 나중에는 벽에서 떼어놓아 독립적인 건물을 세웠다. 보통 이런 경우엔 벽돌이나 석조로 된 구조물이었는데, 타일 지붕 아래 아치가 늘어선 통로(로지아)에 남향의 창문을 나란히 내는 방식이었다. 훗날 오렌지 온실을 일 년 내내 이국적인 식물을 보관하는 용도로 사용하게 되었을 때는 유리 지붕을 끼워넣기도 했다.

식물원은 19세기 정원의 독특한 한 특징이 되었다. 식물원은 저택에 붙여서 지어졌으며, 종종 장식적인 아치를 넣어 주조한 커다란 금속 프레임을 세우고, 제국 전역에서 가져온 식물들을 수용하기 위해 방대한 면적을 유리로 덮었다. 식물원에는 온수난방 시스템이 사용되었으며, 식물원 뒤쪽 벽의 반대편에 만든 벽난로와 연도를 통해서 열을 공급하기도 했다. 이런 식물원은 유지비가 굉장히 많이 들었기 때문에, 20세기에는 많은 식물원이 버려지거나 철거되었다.

그림 9.8 : 태턴 파크, 체셔주

이 식물원은 1818년에 설계되었지만, 나중에 등장한 대부분의 식물원과
는 달리 석재와 유리로 만든 독립적인 구조이며, 지금도 제 역할을 하면
서 이국적인 식물들을 수용하고 있다.

장식 건물, 기념비, 그로토

정원에는 사교 생활을 하거나 사색하거나 주변 식생을 감상할 수
있는 구조물이 항상 있었다. 16세기와 17세기에는 식사를 마친 사람
들이 나와서 달콤한 디저트를 즐길 수 있는 연회실 건물(그림 7.5 참조)이
있었고, 주인의 기발한 정원 설계를 칭찬하고 정원에 숨겨진 의미를 토
론할 수 있는 가제보gazebo, 즉 정자가 있었다. 그러나 18세기에 들어오
면서, 폴리folly라는, 이상하고 이국적이며, 거대한 장식 건물이 조경 정
원의 일부로 지어졌다. '바보짓'을 뜻하는 그 이름에서 알 수 있듯이,
이런 장식 건물은 다른 쓸모가 없었다. 그저 눈길을 끄는 특색이자 정
원 파티나 음악 공연, 사교적 모임을 위한 장소에 지나지 않았다.

건축가들은 저택의 본채를 지을 때는 엄격한 규칙과 유행을 고려

그림 9.9

다양한 장식 건물들. 위 왼쪽부터 시계 방향으로 고전적인 신전, 이집트식 건물, 중국식 탑, 고딕풍 구조물(진짜 중세 건물과는 전혀 닮지 않은 느낌이다) 등이다. 이런 이국적인 양식은 저택 본채에 적용하기에는 지나치게 과감한 것으로 여겨졌지만, 정원에서는 기꺼이 사용되었다. 원래의 배치에서 가장 근사해 보이는 컬렉션은 아마 버킹엄셔주에 있는 스토 조경 정원의 장식 건물들일 것이다.

해야 했지만 정원 구조물의 허용 범위는 훨씬 자유로웠다. 일부 장식 건물은 애초에 조경 정원에 영감을 주었던 클로드 로랭 같은 화가의 그림에 등장하는 둥근 탑을 그대로 복제한 것이었다. 나머지는 로마 신전, 나중에는 그리스 신전과 개선문, 로툰다(rotunda, 원형 홀이 있는 둥근 지붕의 건물) 등을 본떠 만들었는데, 그랜드 투어를 마치고 방금 돌아온 소유주를 위해 고대 세계의 건물들을 재창조한 것들이었다.

고딕풍의 장식 건물은 18세기 중반쯤 컨트리 하우스 영지에 등장했다. 이는 고딕 양식이 저택 본채에 적합하다고 받아들여진 것보다 한두 세대 전의 일이었다. 그러나 18세기 말에는 자연과 영국적인 모든 것에 대한 인식이 높아지면서, 가짜 성, 폐허가 된 구조물, 가짜 선사 시대 원형 돌무덤 등이 세워졌다. 또 하나 영감의 원천이 된 것은 이국적인 극동 지역의 문물로, 중국식 탑과 다리가 특히 인기를 끌었다. 이런 정원 계획에는 석상과 기념비도 빠지지 않았는데, 사랑하던 반려동물을 위해 세운 인상적인 석조 첨탑을 발견하는 것도 드문 일은 아니다. 19세기에는 역사적인 한 시대나 먼 외국 땅을 주제로 따로 구획해서 만든 정원 건물들이 정원 계획에 특징을 더했다.

호수, 분수, 다리

중세 말의 장원 저택을 둘러싸고 있던 해자는 과시의 기능과 함께 양어장(민물고기는 필수적인 식량 자원이었다) 역할도 했을 것이다. 적군의 접근을 막기 위해 만든 해자는 사실상 거의 없었다. 17세기의 가장 훌륭한 정원들에서는 종종 '운하canal'라고 불리던, 기다란 직사각형 연못

그림 9.10 : 스토 조경 정원, 버킹엄셔주

고전주의 양식의 석조 다리는 조경 정원의 두드러진 특징이었고, 교량 기술자보다는 유명 건축가가 설계하는 경우가 많았다. 이 팔라디오 양식의 다리는 18세기 중반에 인기를 끌던 형식이다.

이 뚜렷한 특징이었다. 복잡한 수로 계획을 세워서 연못 가운데의 분수에 물을 공급하고, 한쪽 끝에 폭포를 만든 연못도 더러 있었다. 18세기에는 조경 정원의 일부로서 커다란 호수가 만들어졌다. 보통은 기존 개울을 가로질러 댐을 쌓고 계곡 바닥에 물을 채워서 호수를 조성하곤 했다. 그리고 저택으로 향하는 주요 진입로가 지나가도록 그 호수 위에는 장식적인 다리를 놓았다. 종종 유명 건축가들이 설계했던 이런 다리는 대부분 아름답게 비례를 맞춘 고전주의적 구조물이었는데, 둥근 아치나 낮은 결원아치를 만들고 난간과 벽감까지 갖춘 다리들은 전반적인 정원 계획에 어울리도록 신중하게 배치되어 있었다.

그림 9.11 : 위틀리 코트, 우스터셔주

분수는 거대한 물 분출구를 넣어 설계할 수 있었지만, 어떤 분수도 복원된 이 분수만큼 물을 높이 뿜어내지는 않았다. 대부분의 분수는 중력을 동력으로 삼았으며, 지대가 높은 곳에 있는 물탱크나 호수의 물을 아래쪽의 작은 배출구까지 파이프로 보내 분출구에서 세게 뿜어지도록 했다.

영지

영지는 모든 컨트리 하우스가 건설될 수 있었던 기본 토대였다. 영지는 소유주에게 재정적 수입을 안겨주었음은 물론, 저택에 식량과 재료, 인력을 공급하면서 20세기까지도 비교적 자급적인 구조를 유지하게 해주었다. 이런 영지들은 아마도 노르만 정복 이후에 있었던 토지 소유권의 전반적인 재편으로 형성되었을 가능성이 가장 크지만,

일부 영지의 경계는 훨씬 오래전에 생겼을 수도 있다. 중세 봉건 시대에 대부분의 영지는 장원으로 운영되었는데, 영주 또는 영주가 다른 영지에 거주하는 경우 최고 임차인이 성이나 주요 저택(장원 저택)에서 운영을 지휘했다.

영지는 영주 직영지였는데, 이 땅에서 자라는 작물은 오직 영주의 식탁에만 올라갔다. 마을 사람들은 영지에서 일할 가족 성원을 보내야 했으며, 한편으로 자신의 밭에서 수확한 작물의 일정량을 영주에게 바쳐야 했다. 나머지 농지는 마을 사람들이 경작했지만, 그 밭들을 어떻게 경작할 것인가에 대한 결정권은 장원 저택에 있었다. 장원 저택은 지역 법원의 역할도 했으며 교구 교회와도 가까워서 지역 사회의 중심이었다.

14세기에 일어난 기근과 그 뒤를 이어 덮친 흑사병은 이런 봉건제를 무너뜨리는 데 한몫을 했다. 자기 밭을 경작할 농민을 구할 수 없게 된 장원 영주들은 새로운 부류의 개인들에게 임대료를 받고 땅을 나눠주었다. 결국 중세 농노들은 서서히 소작농으로 바뀌었고, 젠트리는 지주가 되었다.

장원 저택은 여전히 직속 영지에서 나는 산물을 공급받았지만, 15세기부터 19세기에 걸쳐 일어난 인클로저enclosure 운동으로 인해 토지가 재편성됨에 따라 자작 농장이 설립되어 그 영지를 관리하게 되었다. 영지에서 일하는 일꾼들을 수용했던 마을은 조지 시대와 빅토리아 시대 동안 옮겨지거나 새로 건설되었다. 주로 저택에 접근하는 과정 자체로 건물의 웅장함을 더욱 강조하는 동시에 소유주가 그 저택에 사는 일꾼들을 엄격히 통제할 수 있도록 하기 위해서였다.

마구간과 마차 보관소

모든 컨트리 하우스에는 예외 없이, 승마용 말과 마차 끄는 말, 수레 끄는 말과 망아지들을 함께 수용하던 마구간이 근처에 있었다. 17세기부터 19세기까지 지어진 대부분의 컨트리 하우스에서는 보통 쿠폴라 지붕에 시계가 있는 커다란 아치 통로가 발견된다. 이 아치 길은 마구간과 마차 보관소, 대장간, 소목장과 마구실이 있는 마당으로 이어져 있었다. 마구실에는 벽난로가 있어 가죽을 따뜻하게 데울 수 있었고, 건초 다락으로 올라갈 수 있었다. 17세기 말까지는 모든 수준의 젠트리들에게 마차가 보급되어 있었는데, 대부분은 평소에 쓰는 기본적인 마차 하나, 더욱 화려한 마차 하나, 이렇게 두 대의 마차를 소유하고 있었다.

사냥과 경마

사냥은 중세 장원 영주들이 즐기던 여가 활동이었으며, 대부분의 영주는 저택 근처에 동물들이 사는 사슴 사냥터를 만들었다. 사슴 사냥터는 크게는 면적 200에이커에 이르는 대체로 둥근 땅으로, 도랑과 둑으로 에워싸여 있었으며 꼭대기를 따라서 울타리가 있어 사냥할 때는 이 울타리를 통해 사슴을 풀어놓을 수 있었다. 17세기를 거치는 동안 이런 형태의 사냥은 인기가 시들해져서, 옛 사슴 사냥터는 종종 농경지로 바뀌었지만, 이런 땅의 독특한 둥근 형태는 오늘날까지도 지도에서 종종 발견할 수 있다.

18세기에는 여우가 또 하나의 사냥감이 되었다. 여우 사냥이 있

그림 9.12 : 더넘 매시, 체셔주

독특한 흰색 쿠폴라가 있는 이 마구간 블록(마차 보관소로 사용되었다)
은 1720년대 지어진 것으로, 원래는 양조실과 제빵실, 그리고 마차를 끄
는 말들을 위한 널찍한 마구간이 같이 있었다(승마용 말과 수레를 끄는
말, 젖소는 별도의 블록에서 관리되었다).

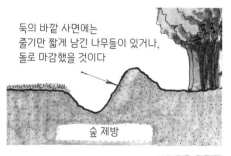

둑의 바깥 사면에는 줄기만 짧게 남긴 나무들이 있거나, 돌로 마감했을 것이다

숲 제방

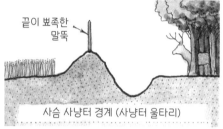

끝이 뾰족한 말뚝

사슴 사냥터 경계 (사냥터 울타리)

그림 9.13

사슴 사냥터를 둘러싼 오래전의 도랑들은 지금도 가끔씩 발견되곤 한다. 이런 도랑은 가축이 오래된 숲에 들어가지 못하게 숲 안쪽 가장자리에 둑을 쌓은 것(위)과는 다르다. 이런 도랑은 사슴을 사냥터 안에 가두는 것이 목적이었으므로 숲 바깥쪽 가장자리에 둑이 있었다(아래). 이런 특징적인 둑은 오늘날에는 높이가 훨씬 낮아졌다.

을 때면 영지 내의 모든 계급이 모였고, 보통 영주가 대장이 되어 무리를 이끌었다. 사냥개들을 뒤쫓는 책임을 맡은 사냥개지기와 그 행사를 조직하는 사냥 담당 하인도 따로 있었다. 총기 제작의 발달로 17세기 말부터는 총이 매사냥을 대신했으며, 19세기까지 사냥은 귀족들이 선호하는 스포츠로 자리 잡았다.

이 모든 활동은 영지에 어느 정도의 흔적을 남기기 마련이었다. 예를 들어 사냥개들을 위한 개 사육장(보통은 영지 직영 농장 중 한 곳에 있었다)과, 사냥이나 발포를 시작하기 전 여우 및 사냥감 새들을 보호해두는 숲이 있었다. 이 작은 숲은 '은신처covert'라고 부르기도 했다. 18세기에는 경마도 여가 활동으로 인기를 모았는데, 오래된 영지의 지도에 가끔 원형이나 타원형 트랙이 표시되어 있기도 하다.

자작 농장

18세기부터 귀족들 사이에 농업 개량에 직접 참여하려는 유행이 퍼지자, 최신 테크놀로지를 적용한 새로운 농장 건물이 우후죽순처럼 생겨났다. 19세기 중반에 이르면, 영지의 자작 농장은 시골 헛간들의 집합체라기보다는 하나의 효율적인 공장 생산 라인에 더 가까웠다. 이상적인 자작 농장은 안뜰을 에워싸고 벽돌이나 돌로 건물들을 짓고, 가장 초기의 일부 농기계들을 들여놓았을 것이다.

처음 등장한 기계들은 말이 돌리는 바퀴(말이 돌아다니는 농장 옆에서 원형 또는 다각형의 구조물을 찾아보라)와 수력 또는 풍차에서 동력을 얻었지만, 나중에는 증기 기관에서 동력을 얻었는데, 이때 사용했던 굴뚝은 오늘날까지도 종종 볼 수 있다. 이런 모델 농장의 나머지 건물들로는 축사, 마구간, 저장고, 가금류 사육장, 수레 창고가 있을 수 있었으며, 때로는 낙농장도 있었다. 양조실과 제빵실이 저택 내 살림 공간이 아닌 자작 농장에 있을 수도 있었다. 두 가지 과정 모두 같은 기술자가 필요했기 때문에 종종 이 두 건물은 나란히 놓여 있었다. 한편 농장 일꾼들의 왕래를 감시할 수 있도록, 자작 농장 바깥에 토지관리인, 또는 재산관리인이나 감독관을 위한 집이 있기도 했다.

비둘기장

저택 주인에게 특히 겨울 동안 더욱 다양한 음식을 제공하기 위해 영지에 없어선 안 될 또 하나의 중요한 특징이 비둘기장이었다. 비둘기장은 원형 또는 정사각형의 구조물로, 지붕이 뾰족했고 박공에는

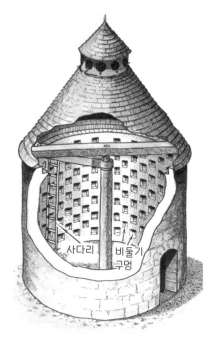

사다리 비둘기
구멍

그림 9.14

비둘기장. 독특하고 높은 형태이며, 꼭
대기에 비둘기가 드나드는 구멍이 있다.

비둘기가 드나들 수 있는 개구부가 있었다. 비둘기장 안에는 비둘기들
(멧비둘기는 집으로 잘 돌아오지 않기 때문에 사육하지 않았다)이 둥지를 틀도록 우묵 파인
구멍이 많았으며, 하인이 둥지에 올라갈 수 있도록 사다리가 있었다.
초기의 비둘기장 일부가 지금도 남아 있지만, 오늘날 우리가 볼 수 있
는 것들은 대부분 17세기에서 19세기 사이에 만든 것들이다.

양어장과 토끼 번식지

영주의 식탁에 오를 물고기를 키우는 일련의 연못들은 중세 저택
에서 빠지지 않는 특징이었는데, 대략 삼각형 모양의 웅덩이를 일렬로

나란히 겹쳐놓은 형태가 흔했다. 나중에 바닷물고기들을 더 다양하게 구할 수 있게 되면서 양어장은 대부분 버려지거나 메워졌지만, 일부는 훗날 정원 계획에 통합되었다. 이렇게 통합된 예전 양어장의 독특한 형태는 여전히 알아볼 수 있으며, 땅이 우묵하게 파인 자국으로 발견되기도 한다. 중세 영지는 또 하나의 진미인 토끼고기를 저택에 공급했다. 노르만족이 들여온 토끼는 의도적으로 만든 낮은 둑인 워런warren이라는 토끼 번식지에서 사육되었다.

교회

대부분의 컨트리 하우스 근처에는 교회가 있었다. 만약 그 교회 건물이 중세 때 세워진 것이라면, 그 부지가 아주 대단한 저택의 소유였음을 짐작할 수 있는데, 더러는 천 년 넘게 대대로 이어온 집안도 있었다. 색슨족과 노르만족 귀족들에게는 사회적 사다리를 오르기 위한 지위의 상징으로 자신들의 홀 옆에 교회를 세우는 것이 흔한 일이었다.

이런 관행은 12세기 말에 이르러서야 시들해졌는데, 이때쯤에는 이미 대부분의 중세 교구 교회들이 설립되어 있었다. 나중에 마을들이 새로운 위치로 옮겨지거나 쇠퇴하게 되었을 때, 교회는 저택 옆에 남겨진 채 고전주의 양식으로 개조되거나 저택 양식에 맞추어 완전히 개축되었다. 1829년 가톨릭교도 해방령은 억압받던 가톨릭 귀족들이 공개적으로 기도할 수 있음을 뜻했고, 그들의 영지에는 당시 유행하던 고딕풍 벽돌 교회가 등장하기도 했다.

그림 9.15 : 위틀리 코트, 우스터셔주

18세기에 고전주의 양식으로 지은 교회. 독특한 직사각형 형태와 반원형의 아치 창문, 쿠폴라를 얹은 시계탑이 있다. 이 교회는 낡고 쓰러져가는 중세 교회를 대신해 지은 것이다.

거대한 컨트리 하우스의 소유주들은 보통 저택 안에 사적인 예배당을 가지고 있었지만, 일요일에는 가족과 함께 교구 교회 예배에 참석했다. 교회에는 그들만을 위한 사적인 신도석이 따로 있었고 설교를 들을 때 불편하지 않도록 벽난로까지 있었다. 또한 가족의 기념물을 교회에 보관하는 것이 관행이었으며, 이런 것들은 대개 교회 측면에 있는 예배당이나 측랑aisle에 보관되었다. 귀족들은 다른 저택 중 한 곳으로 본거지를 옮기기로 결정하더라도 가족의 장례는 여전히 원래 교구에서 치르곤 했다.

얼음 저장고

얼음 저장고는 많은 양의 얼음을 사시사철 사용하기 위해 만들어졌다. 얼음 저장고는 벽돌 돔을 덮은 단열 구덩이로, 습기(얼음이 더 빨리 녹게 만든다)를 줄이기 위한 통풍구가 있고, 내부 온도를 서늘하게 유지하기 위해 적어도 이중으로 문이 있는 작은 터널로 들어가게 되어 있었다. 영지의 일꾼들은 겨울이면 호수나 연못, 운하에서 갈고리와 나무망치, 꽂을대를 이용해 얼음을 채취했다. 그런 다음 얼음을 저장고까지 끌고 와서 쪼개고는 구덩이 바닥에 채워 넣었는데, 단열을 위해 사이사이에 짚을 깔았다.

일 년 내내 얼음을 보존하려면 얼음 저장고의 위치와 건설 방식이 중요했다. 편의성 때문에 얼음 저장고는 보통 얼음 채취지 가까이에 위치했으며 녹은 물이 바닥에서 흘러나올 수 있도록 경사지에 지어졌다. 그늘이 있어야 했으므로 얼음 저장고는 종종 나무로 둘러싸여 있었다.

누구나 짐작하듯 호수 표면의 맨 위에서 채취한 얼음은 매우 더러울 수 있었기 때문에, 병을 차갑게 할 때나 아이스박스에 넣는 용도로만 쓰였다. 19세기 중반부터 구할 수 있었던 수입 얼음만이 음료에 직접 넣을 수 있을 만큼 품질이 좋았다.

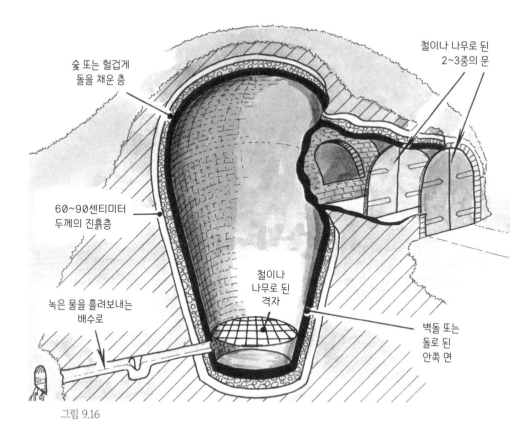

철이나 나무로 된
2~3중의 문

숯 또는 헐겁게
돌을 채운 층

60~90센티미터
두께의 진흙층

철이나
나무로 된
격자

녹은 물을 흘려보내는
배수로

벽돌 또는
돌로 된
안쪽 면

그림 9.16

19세기의 한 얼음 저장고 단면도. 터널에 있는 두 개의 문을 지나면 얼음을 보관한
구덩이가 나온다. 얼음이 녹으면 바닥의 철이나 나무 격자 사이로 물이 빠져 파이프
를 통해 흘러나가게 했으며, 벽돌, 돌, 숯, 진흙으로 덧댄 벽은 실내 단열 효과가 있
다. 오늘날 볼 수 있는 모든 얼음 저장고에서 터널 입구의 문은 수풀이 무성한 언덕
사면에 있다.

게이트하우스와 로지

게이트하우스는 성으로 들어가는 입구의 방어를 위해, 나중에
는 벽으로 에워싼 장원 저택 입구의 방어를 강화하기 위해 지어졌다.

그림 9.17 : 스토크세이 캐슬, 슈롭셔주

16세기에 지은 목재 골조의 게이트하우스. 위층에는 고참 일꾼이 지내는 숙소가 있다.

그러나 15세기에 이르면, 군사적 이유보다는 과시하기 위한 건물이 되었다. 정문 위쪽에 있는 방에는 영주의 식솔들 중 고참 성원 한 명이 거주했으며, 문지기가 정문 너머 안뜰로의 출입을 통제했다(오늘날에도 오랜 역사를 자랑하는 많은 대학에서는 여전히 그렇게 하고 있다). 마지막 게이트하우스들은 17세기 초에 지어졌다. 그 후 정원의 경계가 저택을 중심으로 더 멀리 옮겨짐에 따라, 주요 진입로 입구 양쪽에 한 쌍의 로지(lodge, 관리인 주택)를 짓는 것이 일반적이 되었다. 18세기에 고전주의 양식으로 지은 로지와 19세기에 고딕풍 또는 이탈리아풍으로 지은 로지에는 보통 일꾼 중에 연장자가 거주하면서, 다가오는 마차의 경적 소리나 휘파람 소리가 들리면 나와서 정문을 열어주곤 했다.

그림 9.18 : 버턴 애그니스 홀, 드리필드, 이스트 요크셔주

17세기 초반의 게이트하우스. 양쪽 타워에는 특징적인 총화 지붕이 씌워져 있으며 반원형 아치 개구부 위에는 비례가 어색한 고전주의 장식이 있다. 뒤쪽에 보이는 홀은 1601~1610년에 지어졌으며, 로버트 스마이슨이 설계했다고 알려져 있다. 그 옆에 있는 12세기의 원래 홀은 지금도 방문할 수 있다.

3부

그리고,
조금 더 알고 싶은 것들

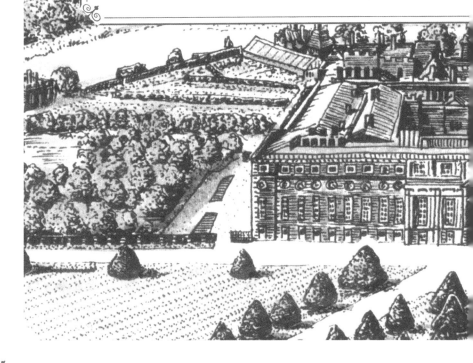

방문할 만한 컨트리 하우스

이 책에서 소개한 저택들 가운데 일반인들이 방문할 수 있는 곳을 추린 목록이다. 관리 주체가 내셔널 트러스트인 경우는 (NT)로, 잉글리시 헤리티지인 경우는 (EH)로 표시했다.

베드슬리 클린턴
Baddesley Clinton

Baddesley Clinton (NT)

Rising Lane, Baddesley Clinton, Knowle, Solihull B93 0DQ

Tel. 01564 783294

<그림> 7.14

해자가 있는 매력적인 중세 장원 저택으로, 사제가 숨곤 했던 은신처를 볼 수 있다.

Belton House (NT)

Grantham, Lincolnshire NG32 2LS

Tel. 01476 566116

<그림> 3.1

17세기 말에 지은 아름다운 대저택으로 거의 바뀐 것 없이 유지되고 있다.

Biddulph Grange Gardens (NT)

Biddulph, Stoke on Trent ST8 7SD

Tel. 01782 517999

블랙웰 미술공예운동 하우스
Blackwell Arts and Crafts House

<그림> 5.22, 9.7, 9.9

내셔널 트러스트가 이탈리아풍 저택 주변에 복원한 빅토리아풍 정원이 주목할 만하다.

Blackwell, the Arts and Crafts House

Windermere, Cumbria LA23 3JT

Tel. 01539 446139; www.blackwell.org.uk

<그림> 6.15, 7.1

19세기 말과 20세기 초의 뛰어난 미술공예운동 양식 실내가 있다.

Blenheim Palace

Woodstock, Oxfordshire OX20 1PX

Tel. 08700 602080;

www.blenheimpalace.com

<그림> 3.5, 3.9

존 밴브러가 말버러 공작을 위해 설계했고 1705~1722년에 지어졌다. 영국에서 가장 훌륭한 바로크 양식 저택으로 꼽힌다.

Blickling Hall (NT)

Blickling, Norwich NR11 6NF

Tel. 01263 738030

<그림> 2.6, 2.11

17세기 초의 제임스 1세 시대 저택을 보여주는 훌륭한 예로 꼽히며, 롱 갤러리가 유명하다.

Brodsworth Hall (EH)

Brodsworth, Doncaster, Yorkshire DN5 7XJ

Tel. 01302 724969

<그림> 5.14

빅토리아 시대 중기의 컨트리 하우스가 아름답게 복원되어 있으며, 정원 조경 역시 원래의 형태를 따라 식물이 배치되어 있다.

Buckingham Palace

London SW1A 1AA

Tel. 0207 766 7300; www.royalcollection.org.uk

<그림> 5.2

애초의 버킹엄 저택을 왕가가 사들인 후 1820년대부터 존 내시와 에드워드 블로어가 궁전으로 개축했고, 1913년에 새로 단장하면서 오늘날과 같은 유명한 궁전이 되었다.

Burghley House

Stamford, Lincolnshire PE9 3JY

Tel. 01780 752451; www.burghley.co.uk

<그림> 2.2, 2.10

16세기 말에 엘리자베스 여왕의 재무장관이던 윌리엄 세실을 위해 지은 거대주택으로 원래 모습이 거의 온전하게 보존되어 있다. 이곳 정원은 18세기에 '케이퍼빌러티' 브라운이 설계했다.

Burton Agnes Hall

Driffield, East Yorkshire YO25 4NB

Tel. 01262 490324; www.burtonagnes.com

<그림> 9.18

엘리자베스 시대의 저택으로 유명한 게이트하우스가 있으며, 게이트하우스 옆의 노먼 홀은 옛 모습을 고스란히 간직하고 있다.

Calke Abbey (NT)

Ticknall, Derbyshire DE73 7LE

Tel. 01332 863822

버턴 애그니스
Burton Agnes

<그림> 7.7

놀랄 만큼 원형이 온전히 보존된 18세기 초 저택이다.

Capesthorne Hall

Siddington, Macclesfield, Cheshire SK11 9JY

Tel. 01625 861221

<그림> 5.1

오래된 장원 저택 부지로, 빅토리아 시대 초기에 16세기 초 양식을 따라 개축한 저택이 남아
있다.

Castle Drogo (NT)

Drewsteignton, Exeter EX6 6PB

Tel. 01647 433306

<그림> 5.28

20세기 초에 지은 컨트리 하우스지만, 에드윈 러티언스 경의 설계를 따라 성城 양식으로 지어졌다.

Castle Howard

Malton, North Yorkshire YO60 7DA

Tel. 01653 648333; www.castlehoward.co.uk

<그림> 3.4

존 밴브러 경의 1699년 설계에 따라 바로크 양식으로 지어진 거대한 컨트리 하우스다.

Chatsworth

Bakewell, Derbyshire, DE45 1PP

Tel. 01246 582204; www.chatsworth.org

<그림> 3.6

가장 유명한 영국 컨트리 하우스 중 하나로, 캐번디시 가문이 450년 넘게 대대로 소유하면서 조금씩 발전시켰는데, 17세기 말과 18세기 초에 개축한 정면이 주목할 만하다. 근처의 엔저 마을에는 빅토리아 시대 초기의 그림 같은 집들이 있어 마을 이주 사업의 성공적인 예로 꼽힌다.

Chiswick House (EH)

Burlington Lane, London W4 2RP

Tel. 0207 973 3292

<그림> 4.2

초기 팔라디오 양식의 중요한 저택으로, 1725~1729년에 벌링턴 경이 지었다.

Cragside (NT)

Rothbury, Morpeth, Northumberland NE65 7PX

Tel. 01669 620333

<그림> 5.16

창의적 발명가인 암스트롱 경을 위해 리처드 노먼 쇼의 설계에 따라 1870년대에 지은 영국 복고 양식의 저택이다.

Cronkhill, Attingham Park Estate (NT)

Atcham, Shrewsbury SY5 6JP

Tel. 01743 708123

<그림> 5.8

존 내시가 1805년에 설계한 이탈리아풍 빌라로, 애팅엄 공원의 일부를 이룬다.

Dunham Massey (NT)

Altrincham, Cheshire WA14 4SJ

Tel. 0161 941 1025

<그림> 9.12

여러 시대의 요소를 두루 갖춘 저택으로, 중세 시대의 해자와 사슴 공원을 볼 수 있다.

Haddon Hall

Bakewell, Derbyshire DE45 1LA

Tel. 01629 812855; www.haddonhall.co.uk

기가 막힌 위치에 자리 잡은 중세 시대 저택으로, 롱 갤러리가 유명하다.

Hampton Court Palace

Kingston upon Thames, Surrey KT8 9AU

Tel. 0844 482 7777; www.hrp.org.uk/HamptonCourtPalace

<그림> 1.4 and page 114

처음엔 울시 추기경이 지은 궁전이었으나, 그가 헨리 8세의 총애를 잃으면서 왕이 이곳을 차지해 확장했다. 이후 17세기 말에 렌이 다시 확장 작업을 했다.

Hardwick Hall (NT)

Doe Lea, Chesterfield, Derbyshire S44 5QJ.

Tel. 01246 850430

<그림> 2.1

16세기 말에 하드윅의 베스를 위해 옛 홀 옆에 지은 유명한 거대 저택이다. 옛 홀은 현재 잉글리시 헤리티지가 관리하고 있는데, 하드윅의 베스가 하드윅 홀에서 집무를 시작하기 불과 몇 년 전에 완공되었다.

Hatfield House

Hatfield, Hertfordshire AL9 5NQ

Tel. 01707 287010; www.hatfield-house.co.uk

<그림> 2.8

웅장한 제임스 1세 시대 저택으로, 400년 넘게 세실 가문이 소유하고 있다.

Highclere Castle

Hampshire RG20 9RN

Tel. 01635 253210; www.highclerecastle.co.uk

<그림> 5.3, 9.9

빅토리아 시대 초기에 지은 성 형태의 저택. 최근 TV 시리즈 〈다운튼 애비〉의 배경으로 사용되었다.

Holkham Hall

Wells-next-the-Sea, Norfolk NR23 1AB

Tel. 01328 710227; www.holkham.co.uk

<그림> 4.3

18세기 중반의 고전적인 팔라디오 양식 저택. 윌리엄 켄트가 설계했으며, 웅장한 대리석 홀이 특징이다.

Kedleston Hall (NT)

Derby DE22 5JH

Tel. 01332 842191

<그림> 4.4, 4.5, 7.4

18세기 중반에 지은 팔라디오 양식 저택으로, 로버트 애덤의 가장 훌륭한 몇몇 작품을 볼수 있다.

Little Moreton Hall (NT)

Congleton, Cheshire CW12 4SD

Tel. 01260 272018

<그림> 1.1, 7.11, 7.12

15세기 말과 16세기에 지은 유명한 목재 골조 저택으로, 주목할 만한 유리창과 롱 갤러리가 있다.

Longleat

Warminster, Wiltshire BA12 7NW

Tel. 01985 844400; www.longleat.co.uk

<그림> 2.5

영국에서 가장 훌륭한 컨트리 하우스 중 하나로 손꼽힌다. 저택 건물은 1560년대부터 존 신John Thynne 경이 지었으며, 훗날 '케이퍼빌러티' 브라운이 조경을 맡은 정원이 있다.

Lowther Castle

Askham, Penrith, Cumbria, CA10 2HG

Tel. 01931 712192; www.lowther.co.uk

<그림> 5.7

아름다운 배치를 자랑하는 19세기 초의 성 양식 저택이다. 지금은 외부 뼈대만 남아 껍데기에 불과하지만, 부지의 복원 작업이 이루어져 방문객에게 공개되고 있다. 자세한 내용은 웹 사이트 참조.

Lyme Park (NT)

Disley, Stockport, Cheshire SK12 2NX

Tel. 01663 762023

<그림> 2.12, 4.1

16세기의 저택이지만, 호수를 굽어보는 정면은 18세기 초에 우아하게 개축되었다.

Nether Winchendon House

nr Aylesbury, Buckinghamshire HP18 0DY

Tel. 01844 290101; www.netherwinchedonhouse.com

<그림> 5.5

중세 시대에 처음 지어졌으며, 18세기 말에 고딕 부흥 양식으로 새롭게 단장되었다.

라임 파크Lyme Park

Powis Castle (NT)

Welshpool SY21 8RF

Tel. 01938 551929

<그림> 9.3

원래는 중세 시대의 성이지만, 지금은 정원으로 더 유명하다.

Royal Pavilion

Brighton, East Sussex BN1 1EE

Tel. 01273 292746; www.royalpavilion.org.uk

<그림> 5.9

존 내시가 1815~1823년에 예전의 건물을 인도 양식으로 호화롭게 개축해 궁전으로 만들었다.

Shugborough Hall

Milford, Stafford ST17 0XB

Tel. 01889 881388; www.shugborough.org.uk

<그림> 4.6, 5.10, 9.9

예전의 건물을 신고전주의 양식으로 개축한 저택. 현재는 19세기의 생활 방식을 보여주는

다양한 살림 공간으로 유명하다.

Standen (NT)

East Grinstead, West Sussex RH19 4NE

Tel. 01342 323029

<그림> 5.18

미술공예운동 양식 저택으로는 일반에게 공개된 몇 안 되는 저택 중 하나다. 필립 웹이 모리스의 인테리어 회사와 공동으로 설계했으며, 현지에서 나는 재료를 사용하고 원래의 특징을 유지한다는 미술공예운동의 이념을 잘 보여준다.

Stanton Harcourt Manor House and Gardens

Main Road, Witney, Oxfordshire OX29 5RJ

Tel. 01865 881928

<그림> 8.3

보기 드물게 주방이 남아 있는 중세 시대 저택이다.

Stokesay Castle (EH)

Craven Arms, Shropshire, SY7 9AH

Tel. 01588 672544

<그림> 1.2, 1.8, 9.17

요새화된 중세 장원 저택으로 유명하다. 원래의 홀과 솔라, 성채, 그리고 훗날 덧붙여진 목재 골조의 게이트하우스가 보존되어 있다.

Stowe House

Stowe School, Buckingham MK18 5EH Tel. 01280 818229; www.shpt.org.

<그림> 4.18, 9.9, 9.10

거대한 대리석 살롱이 있는 18세기의 웅장한 저택. 1922년에 매각되어 현재는 스토 학교의 일부가 되었지만, 이곳의 유명한 정원은 내셔널 트러스트에서 관리하고 있다.

Sudbury Hall (NT)

Sudbury, Ashbourne, Derbyshire DE6 5HT

Tel. 01283 585305.

<그림> 3.2, 3.15

17세기 말에 지은 저택이지만, 그 이전의 제임스 1세 시대의 건축 요소가 포함되어 있어 완공 당시에도 약간 구식이었다. 롱 갤러리와 조각 계단으로 유명하다.

Sutton Scarsdale Hall (EH)

Chesterfield, Derbyshire S44 5UR

Tel. 01604 735400 (regional office).

<그림> 3.14

조지 양식 초기 저택으로 1920년대에 자산이 박탈된 이후 지금은 외부 껍데기만 남아 있다. 대신에 자유롭게 돌아다니게 개방되어 있어서, 이 구조물이 어떻게 지어졌는지 엿볼 독특한 기회를 누릴 수 있다.

Tatton Park (NT)

Knutsford, Cheshire WA16 6QN

Tel. 01625 374400; www.tattonpark.org.uk

<그림> 4.7, 9.8

부지 내의 건물들과 정원들, 큰 공원 등이 유명한 신고전주의 양식 저택이다.

Tyntesfield (NT)

Wraxall, North Somerset BS48 1NT

Tel. 01275 461900.

<그림> 5.12

고딕 부흥 양식의 컨트리 하우스를 보여주는 훌륭한 예로 꼽힌다.

Uppark (NT)

South Harting, Petersfield, Hampshire GU31 5QR

Tel. 01730 825415

<그림> 3.3

17세기 후반에 유행하던 네덜란드풍 저택을 알 수 있는 훌륭한 예다.

Waddesdon Manor (NT)

Waddesdon, Aylesbury, Buckinghamshitre HP18 0JH

와이트윅 장원
Wightwick Manor

Tel. 01296 653211; www.waddesdon.org.uk

<그림> 5.15

1870년대와 1880년대에 언덕 꼭대기에 지은 화려한 프랑스 샤토 양식 저택이다.

Wightwick Manor (NT)

Wightwick Bank, Wolverhampton, West Midlands WV6 8EE

Tel. 01902 761400

<그림> 5.17, 5.24

미술공예운동 양식 저택과 실내를 볼 수 있다.

Witley Court (EH)

Great Witley, Worcestershire WR6 6JT

Tel. 01299 896636.

<그림> 4.17, 6.9, 9.11, 9.15

제임스 1세 시대 저택으로 19세기 초에 개축되었지만, 지금은 껍데기만 남아 있다. 컨트리 하우스의 구조 이해에 도움이 될 뿐 아니라 예전의 영광을 재건한 화려한 분수와 교회로도 유명하다.

Wollaton Hall

Nottingham NG8 2AE

Tel. 0115 915 3900; www.wollatonhall.org.uk

<그림> 2.3, 2.15

16세기 말에 등장했던 거대 저택을 대표하는 탁월한 예로, 현재는 도심과 가까운 공원 안에
자리 잡고 있다.

용어 설명

귓돌quoin : 건물의 모서리에 놓는 모서리돌.

기도실oratory : 작은 개인용 예배실.

돌출창oriel window : 밖으로 돌출된 큰 창.

내리닫이창sash window : 수직으로 미끄러지며 위아래로 여닫게 된 창. 참고로 요크셔 창은 수평으로 미끄러진다.

다듬돌ashlar : 매끄럽게 깎은 돌로 섬세한 연결부위가 있다.

더블 파일double pile : 파일은 한 줄을 말하며, 그러므로 더블 파일은 방이 두 줄로 늘어선 집을 말한다.

둥근창oculus : 보통 돔이나 맨사드 지붕에 있는 원형 개구부.

드립 몰딩drip moulding : 비가 들이치는 것을 막기 위해 창문 위에 낸 몰딩.

랜턴lantern : 실내 채광을 위해 빛이 들어오도록 돔 꼭대기에 만든 작은 탑.

러스티케이션rustication : 블록 사이가 깊은 줄로 구분되도록 석재를 깎는 방법. 때로는 거친 느낌이 나게 마감한다. 팔라디오 양식 저택에서 지하층을 구분하기 위해 종종 사용되었다.

로지아loggia : 한쪽 또는 양쪽으로 원주들이 늘어서 있어서 트여 있는 갤러리나 복도.

로툰다rotunda : 돔 지붕을 올린 원형 건물.

맨사드 지붕mansard roof : 위쪽은 완경사, 아래쪽은 급경사로 된 2단 지붕. 아래쪽 다락에 더 많은 공간을 만들 수 있다.

모임지붕hipped roof : 네 개 면이 모두 경사진 지붕. 박공지붕은 두 개의 수직 끝벽(박공)을 갖는다.

몰딩moulding : 목재나 돌, 석고로 된 장식적인 띠.

문설주jambs : 문틀의 양쪽 기둥. 선틀.

박공gable : 경사진 지붕이 맞닿는 부분의 삼각형 벽.

밸러스트레이드balustrade : 한 줄로 늘어선 작은 기둥(밸러스터)들 위에 두른 장식 난간.

베네치아식 창venetian window : 수직으로 긴 창 세 개로 이루어진 창. 가운데 부분이 양쪽보다 더 높고 아치형으로 되어 있다.

벽기둥pilaster : 벽에서 살짝 돌출된 직사각형의 기둥. 벽기둥의 주두와 주초는 독립된 기둥과 똑같이 처리된다.

벽난간parapet : 주요 벽의 위쪽에 지붕 가장자리를 두르는 낮은 벽. 또는 17세기 네덜란드풍 저택에서 모임지붕의 위쪽을 두른 낮은 벽.

벽돌쌓기(bonding, 조적組積) : 벽을 쌓을 때, 벽돌의 짧은 끝(마구리)과 긴 끝(길이)으로 패턴이 만들어지도록 쌓는 방법. 흔히 쓰이는 형태는 영국식 쌓기와 플랑드르식 쌓기 두 가지가 있다. 영국식 쌓기는 마구리쌓기와 길이쌓기를 한 켜씩 번갈아 하는 것으로, 16세기와 17세기에 인기를 끌었고, 마구리와 길이를 나란히 번갈아 놓는 플랑드르식은 18세기까지 영국식 쌓기를 상당 부분 대체했다.

볼트vault : 벽돌이나 돌로 만든 아치형 둥근 천장. 때로 석고나 목재를 사용해 모방하기도 한다.

블라인드blind : 개구부가 막혀 있는 아케이드, 밸러스트레이드, 포치 등을 가리키는 말.

비늘창louver : 화로의 연기가 빠져나가도록 만든 개구부. 보통 널빤지 살들을 끼워 만든다.

상인방lintel : 위쪽 벽의 하중을 받도록 문간이나 창문 위에 얹는 평평한 들보.

샤프트shaft : 주신柱身. 기둥의 원통형 허리 부분.

샛기둥 : 기둥 사이가 클 때 벽 마감재를 지탱하기 위해 본기둥과 본기둥 사이에 보조적으로 배치하는 작은 기둥.

세로홈fluting : 원주나 벽기둥에 세로로 길게 낸 오목한 홈.

솔라solar : 중세 시대 홀에서 영주의 구역 뒤쪽으로 위층에 있던 거실.

스투코stucco : 집의 외부에, 종종 돌을 대신하기 위해 벽돌 위에 입히는 매끄러운 내구성 석고 코팅. 섭정 시대에 특히 인기를 끌었다.

아일aisle : 측랑. 홀의 측면을 따라 있는 공간으로, 늘어선 기둥 또는 원주로 구분된다.

아치대abutment : 다리나 볼트 천장의 아치를 받치는 벽.

아치돌voussoir : 아치를 이루는 쐐기 모양의 돌.

아케이드arcade : 아치와 원주들이 길게 늘어서 있는 공간.

아키트레이브architrave: 처마도리인 엔태블러처에서 가장 낮은 부분이며 문간을 에워싸고 있다.

아트리움atrium : 하나의 건물로 주변을 둘러 위쪽에서 빛이 비치게 만든 안뜰.

앱스apse : 교회나 방 한쪽 끝에 있는 반원형 공간.

에이스타일러astylar : 원주 등 수직의 요소가 없는 정면.

엔타시스entasis : 배흘림기둥. 직선으로 뻗은 원주는 안쪽으로 꺼져 보이는 착시를 일으키는데, 이 효과를 상쇄하기 위해 고대 그리스인들은 기둥 중간 부분을 살짝 더 두껍게 만들었다.

엔태블러처entablature : 고대 건축에서 둥근 기둥들로 떠받치는 수평 부분. 위에서부터 코니스, 프리즈, 아키트레이브의 세 부분으로 이루어진다.

여닫이창casement : 옆쪽에 경첩이 달린 창.

오더orders : 고전주의 건축에서 원주와 엔태블러처를 통틀어 일컫는 여러 가지 기둥 양식들.

우물천장coffered ceiling : 우묵한 패널(코퍼coffer)들로 만든 천장으로, 격자천장이라고도 한다.

이맛돌keystone : 아치 꼭대기 한가운데 끼우는 돌. 특징적으로 튀어나와 있을 수도 있다.

인동무늬anthemion : 인동꽃 모양의 장식.

주두capital : 원주에서 장식을 넣은 꼭대기 부분.

중간선대mullion : 창문의 수직 막대.

중간홈대transom : 창에 수평으로 놓은 막대.

지붕창dormer window : 지붕 경사면에 수직으로 세운 창. 보통 잠을 자는 공간이던 다락의 채광을 위해 만들었다. '자다'를 뜻하는 프랑스어 동사 dormer에서 나온 말이다.

처마eaves : 벽 위로 튀어나온 지붕의 끝부분.

카르투슈cartouche : 문장紋章에서 흔히 타원형으로 된 장식판.

카리야티드caryatids : 엔태블러처를 받치는 여인 형상의 기둥.

캐스털레이티드castellated : 총안을 낸 특징적인 부분.

코니스cornice : 엔태블러처의 맨 윗부분. 내부 벽과 외부 벽에서 맨 위쪽을 에
두르며 돌출된 부분을 가리키기도 한다.

코드 스톤Coade stone : 18세기 말과 19세기 초에 만들어졌던 인조석인 세라믹
스톤의 한 형태. 최초의 제작자였던 엘리너 코드Eleanor Coade의 이름을
따왔다. 제작법은 전해지지 않는다.

콘솔console : 중심이 S자 모양인 장식적 브래킷(까치발).

콜로네이드colonnade(열주) : 엔태블러처를 받치고 있는 원주들의 열이나 공간.

쿠폴라cupola : 지붕이나 돔 위에 세운 원형이나 다각형의 탑으로, 작은 돔이
올려져 있다.

트레이서리tracery : 석조 창의 윗부분에 패턴을 이루도록 만든 장식 늑재. 교회,
예배당, 중세 홀에서 많이 볼 수 있다.

팀파눔tympanum : 페디먼트 안의 평평한 삼각형 공간.

페디먼트pediment : 포티코 또는 고전주의 양식의 문 위에 기둥들로 떠받쳐진
낮은 삼각형 벽.

포티코portico : 기둥들로 지지되는 평평한 엔태블러처나 삼각형 페디먼트가
있는 돌출 현관.

프리즈frieze : 엔태블러처의 중간 부분.

플린트plinth : 주초柱礎. 기둥이 서 있는 블록이나 벽에서 튀어나온 바닥 부분.

피아노 노빌레piano nobile : 저택에서 주요한 방들이 있는 층. 보통 바닥을 올린
지하실 또는 1층의 위에 있다.

하인방sill : 창이나 문, 또는 목재 골조로 된 벽의 바닥 부분에 있는 수평의 보.

연표

중요한 건축가와 디자이너		

존 스마이슨

로버트 스마이슨

이니고 존스

로버트 리밍지

30	1540	**1550**	1560	1570	1580	1590	**1600**	1610	1620	16

튜더 왕조 시대	엘리자베스 1세 시대	제임스 1세 시대
튜더 양식	르네상스 양식 (엘리자베스 시대 거대 저택)	르네상스 양식 (제임스 1세 시대 거대 저택)

존 웹

그린링 기번스

3대 벌링턴 백작

휴 메이

존 밴브러 경

로저 프랫 경

니컬러스 혹스무어

제임스 깁스

30	1640	**1650**	1660	1670	1680	1690	**1700**	1710	1720	17

제임스 1세 시대	공화국 시대	왕정복고 시대	윌리엄 3세와 메리 1세/앤 여왕 시대	조지 시대
(찰스 양식) 르네상스 양식	(네덜란드 양식)	바로크 양식		

윌리엄 켄트

조지 헤플화이트

존 쇼 경

토머스 셰러턴

토머스 호프

토머스 치펜데일

토머스 시어러

G. 레오니

로버트 애덤

존 내시

윌리엄 체임버스 경

헨리 홀랜드

30	1740	**1750**	1760	1770	1780	1790	**1800**	1810	1820	18

조지 시대	조지 시대	조지 시대	섭정 시대
팔라디오 양식	신고전주의 양식	픽처레스크 양식	고딕 양식
		신고전주의+그리스 부흥 양식	

찰스 배리 경

윌리엄 모리스

찰스 레니 매킨토시

E.W. 고드윈

리처드 노먼 쇼

A.W.J. 퓨진

필립 웹

C.F.A. 보이시

존 루던

A. 샐빈

에드윈 러티언스 경

크리스토퍼 드레서

30	1840	**1850**	1860	1870	1880	1890	**1900**	1910	1920	19

빅토리아 시대	에드워드 7세 시대	현대
고딕 양식	미술공예운동	전통주의 1차 세계대전
이탈리아풍	앤 여왕 양식	에드워드 고전주의 양식

컨트리 하우스

일러스트로 보는 영국 귀족의 대저택

지은이_ 트레버 요크
옮긴이_ 오숙은
펴낸이_ 양명기
펴낸곳_ 도서출판 북피움

초판 1쇄 발행_ 2024년 3월 25일

등록_ 2020년 12월 21일 (제2020-000251호)
주소_ 경기도 고양시 덕양구 충장로 118-30 (219동 1405호)
전화_ 02-722-8667
팩스_ 0504-209-7168
이메일_ bookpium@daum.net

ISBN   979-11-974043-8-2 (03540)